Geflügelte Worte

J.H.M. POPPE · M. GEITEL · GUIDO SAUTTER · R. HENNIG

GEFLÜGELTE WORTE

BEITRÄGE ZUR GESCHICHTE DER OPTISCHEN TELEGRAFIE

Zeitreisen zur Kultur + Technik
Herausgegeben von Ronald Hoppe
edition·epilog.de

Bibliografische Information der Deutschen Nationalbibliothek:
Die Deutsche Nationalbibliothek verzeichnet diese Publikation
in der Deutschen Nationalbibliografie; detaillierte bibliografische
Daten sind im Internet über http://dnb.dnb.de abrufbar.

Ausgewählt, redigiert und gestaltet von Ronald Hoppe
Verlag: BoD · Books on Demand GmbH, In de Tarpen 42, 22848 Norderstedt, bod@bod.de
Druck: Libri Plureos GmbH, Friedensallee 273, 22763 Hamburg

ISBN: 978-3-7693-5322-8

Inhalt

7

Die Telegrafen im ganzen Umfange
Dr. J. H. M. Poppe • 1834

41

Der optische Telegraf von Claude Chappe
M. Geitel • 1906

49

Der optische Telegraf zwischen Berlin und Koblenz
1888

73

Wann wurde die erste Telegrafenlinie in Deutschland erbaut?
Ober-Postrat Guido Sautter • 1901

105

Zur Geschichte der optischen Telegrafie in Deutschland
Dr. R. Hennig • 1909

Editorische Anmerkung

Da die in einem Zeitraum von 75 Jahren verfassten Beiträge sich stellenweise aufeinander, bzw. auf die gleichen Quellen beziehen, war es nicht immer möglich, gelegentliche Wiederholungen zu vermeiden. Die Originaltexte wurden in die aktuelle Rechtschreibung umgesetzt und behutsam redigiert. Bei Längenangaben und anderen Maßen erfolgte gegebenenfalls eine Umrechnung in das metrische System.

Dr. J. H. M. Poppe

Die Telegrafen im ganzen Umfange

MONOGRAPHIE • 1834

Kurze Geschichte der Telegrafen und der Telegrafie bis auf die neueste Zeit

Zu den merkwürdigsten Erfindungen, welche, seit die Welt steht, der menschliche Geist aussann, gehört unstreitig die der Telegrafen oder derjenigen künstlichen Vorkehrungen, wodurch man eine Gedankenreihe, eine Nachricht, einen Befehl etc. in ganz kurzer Zeit nach entfernten Gegenden, z. B. in wenigen Minuten nach meilenweit entfernten Plätzen, hin verpflanzen kann. Die Kunst, dieses mit solchen künstlichen Vorrichtungen zu tun, wird Telegrafie oder Fernschreibkunst genannt. Sie wurde erst gegen das Ende des 18. Jahrhunderts erfunden. Die Mittel, welche man schon früher, sogar in alten Zeiten anwandte, um Nachrichten, Befehle u. dgl. entfernteren Menschen mitzuteilen, waren wenigstens keine Fernschreibmaschinen, obgleich einige schon darauf hindeuteten; sie waren nur Signale oder einfachere Bezeichnungsmittel.

Zu solchen Signalen, welche die Alten schon anwandten, gehören Feuer, die man auf Bergen oder auf Türmen anmachte. Insofern, als verschiedene Feuer an verschiedenen Stellen, die eine gewisse Bedeutung hatten, angezündet wurden, konnten dieselben gleichsam schon eine Art von Sprache bilden, welche diejenigen Menschen verstanden, welche in das Geheimnis der Bedeutung eingeweiht waren. Deutlicher und vollkommener waren freilich die Fackelsignale der Alten, wie sie uns Polybius beschreibt. Durch solche Signale konnte man sich schon alle möglichen Nachrichten mitteilen; man konnte sie wirklich als eine Art Fackel-Schrift ansehen.

Bei den Fackel-Signalen waren nämlich alle Buchstaben des Alphabets in der aufeinanderfolgenden natürlichen Ordnung auf fünf Tafeln verteilt. Die Signalgeber oder Wächter, welche die Bedeutung der zu gebenden Zeichen kannten, befanden sich an gewissen Stationen. Sollte die Korrespondenz anfangen, so hob der erste Wächter zwei Fackeln so lange in die Höhe, bis der Wächter der anderen Station durch ein gleiches Zeichen zu erkennen gab, dass er jenes Zeichen bemerkt habe. Nun hielt der erste Wächter von der linken Seite Fackeln empor, um seinem Korrespondenten damit anzudeuten, auf welcher von den fünf Tafeln der zur Nachricht gehörende Buchstabe sich befand.

Eine aufgehobene Fackel bezeichnete hierbei die erste Tafel; zwei bezeichneten die zweite Tafel; drei die dritte usw. Nun erhob der Wächter Fackeln von der rechten Seite. Dadurch gab er den jedesmaligen Buchstaben auf der schon bezeichneten Tafel an. Damit man sich aber, wegen der oft bedeutenden Entfernung der Signalorte, in der rechten und linken Seite nicht irrte, so bediente man sich, weil man noch keine Fernröhre hatte, einer eigenen Vorrichtung mit zwei Röhren, von denen die eine nach der rechten, die andere nach der linken Seite des Signalgebers gerichtet war, so, dass man durch jede derselben nur eines der Signale sehen und ohne Irrtum beobachten konnte. Übrigens stand der Fernschreiber hinter einer Blendung von Holz oder Stein, über welche er die Fackeln emporhielt und dann hinter dieselbe wieder zurückzog.

Wenn die Fackel-Telegrafenlinie aus mehreren Stationen bestand, so brauchten nur die an den beiden Endpunkten angestellten Wächter die Bedeutung der Fackelzeichen zu kennen und sich zu merken; die auf den Zwischenposten befindlichen, nicht mit Tafeln versehen, durften die vorgeschriebenen Signale nur mechanisch wiederholen. War an Geheimhaltung der Signale viel gelegen, so durften nur die auf den Tafeln befindlichen Buchstaben versetzt werden.

So hatten also diese, schon zweihundert Jahre vor Christi Geburt bekannten und angewandten Fackel-Signale, in Hinsicht mancher dabei befolgten Regeln, wirklich Ähnlichkeit mit unseren Telegrafen.

Auf der See sind seit langer Zeit Signale eingeführt, wodurch sich ein Schiff der Mannschaft eines anderen verständlich machen kann. So erteilt der Admiral einer Flotte durch die Farbe und Stellung der Flaggen seinen sämtlichen Schiffen, und wenn sie auch in einem großen Raum verteilt sind, die Befehle; und wenn solche Signale nicht von allen Schiffen bemerkt werden können, so werden sie von den Repetitionsschiffen wiederholt, und zwar so, dass sie sich ziemlich schnell durch die ganze Flotte fortpflanzen. Des Nachts hilft man sich durch Laternen, Raketen und Kanonenschüsse.

Auch auf dem Land dienten schon oft Raketen und Kanonenschüsse zur schnellen Fortpflanzung von manchen Nachrichten, besonders im Krieg. Was die Raketen betrifft, so musste die Anzahl und die verschiedene Farbe derselben die Schrift anzeigen. Aber wie unvollkommen war dieses Mittel! Nur in einzelnen verabredeten Fällen konnte es nützlich sein. Eben so war es auch mit den Kanonenschüssen. Denn wie viele Schüsse würden dazugehören, um eine, vorher nicht verabredete Nachricht dadurch verständlich zu machen? Wie viele Schüsse würde nicht schon ein einziges

Wort erfordern? Auch würden diese sprechenden Donner sehr kostspielig sein, vorzüglich wenn die geheime Nachricht weiter geleitet werden sollte. Dasselbe wäre auch der Fall, wenn man an den verschiedenen Tönen der abgefeuerten Kanonen von verschiedenem Kaliber die Nachrichten schnell in eine weite Entfernung verbreiten wollte.

Das Horn, die Trompete und die Trommel geben dem Krieger Befehle zum Vordringen oder zum Zurückweichen, zur Versammlung oder zur Trennung, zur Ruhe oder zum Aufbruch; sie zeigen auch wohl die besondere Art an, wie dies veranstaltet werden soll. Aber etwas weiteres kann dadurch nicht bezweckt werden.

Von eigentlichen Fernschreibmaschinen redete zuerst der englische Marquis von Worcester im Jahr 1633, aber auf eine unverständliche rätselhafte Art. Der Engländer Robert Hook tat dazu im Jahr 1684 verständlichere Vorschläge, und zwar sollte seine Maschine dienen, eine Nachricht fast eben so schnell 100 und mehr Meilen weit fortzusenden, als man im Stande sei, dieselbe niederzuschreiben. Im Wesentlichen war sein Vorschlag folgender. Man soll drei lange, oben mit einem Querbalken versehene Bäume lotrecht so aufstellen, dass sie ein hohes Gerüst bilden; die eine Ecke dieses Gerüsts soll man mit einem dunklen Schirm versehen, hinter welchem die Schriftzeichen hängen, solange sie nicht gebraucht werden. Dieser Schriftzeichen sollen für den Tag 24 aus gespaltenem Holz, für die Nacht sollen es Fackeln sein, und für einige ganze Sätze soll man eine Zusammensetzung von Halbkreisen nehmen. Die Schriftzeichen sollen mit Schnüren so verknüpft sein, dass sie in der größten Geschwindigkeit hervorgezogen werden können, sobald man sie gebrauchen will. Wenn nun solche Vorkehrungen in Entfernungen, worin man die Schriftzeichen durch Teleskope deutlich wahrnehmen kann, auf Anhöhen zwischen London und Paris angebracht würden, so könnte man, wie Hook meint, einen Buchstaben, welcher in London aufgehängt wäre, eine Minute nachher in Paris sehen, weil er fast ohne Zeitverlust von einer Station zur anderen fortgepflanzt würde.

So viele Ähnlichkeit dieser Vorschlag auch mit unseren jetzigen Telegrafen hat, so ist er doch nicht ins Werk gerichtet worden. Eben dies war nachher auch noch mit manchen anderen der Fall.

Die eigentliche Fernschreibmaschine, die alles leistete, was man nur von der Kunst, weit in die Ferne zu schreiben, erwarten konnte, erfand vor vierzig Jahren zur Zeit der Französischen Revolution der Ingenieur Chappe in Paris, ein Mann von Geist, Kenntnissen und Liebe für seine Wissenschaft.

Den ersten Versuch mit seinem Telegrafen machte Chappe im März 1791 im Departement der Sarthe. Im Jahr 1792 teilte er die Beschreibung seiner Maschine dem National-Convent mit, und am 25. Juli dekretierte der Convent, auf Lacanals Bericht, die Ausführung des Vorschlags zur Errichtung einer telegrafischen Korrespondenz, bei welcher der Erfinder selbst als Ingenieur-Telegraf angestellt und ihm die ganze Direktion der Anstalt übergeben wurde. Man eilte nun, die Maschine wirklich aufzurichten, und konnte für sie in der Tat keinen bessern Platz wählen, als auf dem Louvre, das nicht weit vom Versammlungsort des Convents entfernt war. Die erste Telegrafenlinie wurde zwischen Paris und Lille auf einer Strecke von 270 km angelegt, wozu 22 Telegrafen erforderlich waren. Auf dem Louvre war die erste Station, auf dem Montmartre die zweite usw. Als diese Telegrafen in Gang gekommen waren, da bewiesen sie durch ihren Gebrauch bald die gerühmte Vortrefflichkeit, ihre Schnelligkeit im Wortemachen und im Fortpflanzen dieser Worte. Das Volk staunte, die Klugen bewunderten die glückliche einfache Wirksamkeit, und jeder, der den Nutzen der Maschinen einsah, rief dem Erfinder den dankbarsten Beifall zu.

Wie groß der Vorteil einer Telegrafenlinie ist, kann man aus Folgendem ermessen. Den Brief, den ich in diesem Augenblicke mit dem Telegrafen schreibe, liest mein Korrespondent, mein Freund, mein Handlungsagent etc. fast in derselben Viertelstunde, und wenn er auch 40 oder 50 Meilen von mir entfernt wäre; nach Verlauf von 20 bis 25 Minuten kann er ihn lesen, und wenn er auch 100 Meilen entfernt ist. Das Decret, welches der National-Convent jetzt in Paris gab, war in der nächsten Viertelstunde schon an der Grenze des Reichs. Befehle an die kommandierenden Generäle wurden eben so schnell zu den Armeen am Rhein und an den Pyrenäen versandt; und eben so schnell erhielt der Convent auch Nachrichten und Antworten von dort zurück.

Das erste Ereignis, welches durch die Telegrafenlinie nach Paris berichtet wurde, war die Einnahme von Condé. Die Nachricht hiervon lief ein, als der Convent sich eben zu einer Sitzung versammelt hatte. Sogleich fasste der Convent das Decret ab, dass Condé von nun an Nordlibre heißen solle, und sandte es an Chappe zur weitern Beförderung. Nun fing die Maschine, vor den Augen einer Menge Zuschauer, in der Luft zu schreiben an, und in wenigen Minuten war sie mit der Signalisierung des Decrets fertig. Noch in derselben Sitzung, nach 75 Minuten, meldete Chappe dem Convent, das Decret sei zu Lille angekommen, und bereits durch einen Kurier nach Nordlibre weiter befördert worden. Später erhielt man durch die Telegrafenlinie auch die Nachricht von der Wiedereroberung von Valenciennes, Quesnoy und Landrecy.

Seit jener Zeit wurden die Telegrafen in Frankreich nach verschiedenen Richtungen hin vervielfältigt, und manche

Teile an ihnen wurden nach und nach zum Vorteil einer größeren Geschwindigkeit vervollkommnet. So pflanzen denn 22 Telegrafen eine Nachricht von Lille nach Paris, auf einem Weg von 270 km innerhalb 2 Minuten fort; 27 Telegrafen von Calais, 290 km weit, in 3 Minuten; 46 Telegrafen von Straßburg, 530 km weit, in 6 Minuten; 80 Telegrafen von Brest, 660 km weit, in 10 Minuten. Von Toulon, 920 km weit, erhielt Paris Nachricht in 13 Minuten 15 Sekunden. Ein von Paris nach Brest telegrafierter Befehl traf dort nach wenigen Minuten ein, und schon am anderen Morgen ging diesem zufolge eine Flotte unter Segel.

Dem durch seine Erfindung so berühmt gewordenen Chappe suchten Neider und, andere böse Menschen mancherlei Kränkungen zuzufügen, unter anderen ihm die Ehre der Erfindung abzusprechen und auf frühere Mechaniker, wie Hook und Amontons, die doch nie einen ordentlichen Telegrafen zur Ausführung gebracht hatten, zurückzutragen. Solche Kränkungen griffen das Gemüt des verdienstvollen Mannes an; er wurde melancholisch, blieb dies viele Jahre hindurch, und brachte sich endlich im Jahr 1805 dadurch ums Leben, dass er sich in einen tiefen Brunnen stürzte.

England folgte Frankreich zuerst in der Errichtung von Telegrafen. Die erste englische Telegrafenlinie war zwischen London und Dover. Mehrere geschickte Engländer vervollkommneten die Fernschreibmaschinen noch sehr, unter anderen Watson und Edwards. Wirklich fand auch die schnellste bisher bekannte Telegrafenlinie zwischen Liverpool und Holyhead statt, auf einer Strecke von 250 km; Liverpool erhielt nämlich Antwort in 35 Sekunden. Durch die Telegrafenlinie von Dover nach Liverpool über London und Birmingham, 160 km, sollen die Nachrichten in 15 Minuten fortgepflanzt werden. Alle Berichte, Liebesbriefe sogar, sollen hier vollkommen geheim bleiben. Die Kosten der ganzen Anlage dieser Telegrafenlinie werden zu 3000 Pfund Sterling angegeben. Auch in Ostindien wurden Telegrafen angelegt. In diesem Land, und zwar in der Präsidentschaft Bombay, sind die Telegrafen wirklich so gut eingerichtet, dass der Präsident aus einer Entfernung von 800 km in 8 Minuten Nachricht erhält.

Der Engländer Edwards will einen sogenannten ›Auticatelephor‹ erfunden haben, der, von London aus, nach dem Vorgebirge der guten Hoffnung, ja sogar bis nach Kalkutta, in einer Minute soll Nachrichten senden, und von dorther in ein Paar Minuten soll Antwort zurück erhalten können. Wer begreift aber die Möglichkeit einer solchen Erfindung?

In Schweden und Dänemark machte man auch bald von Telegrafen Gebrauch. In Deutschland erst in der neuesten Zeit, obgleich schon vor etlichen 30 Jahren eine telegrafische Korrespondenz zwischen Hamburg und Cuxhaven angelegt werden sollte. Dagegen wurde der Plan, zwischen Berlin und Köln eine Telegrafenlinie anzulegen, schnell zur Ausführung gebracht. Von Berlin bis Magdeburg ist diese Linie ganz vollendet, und mit der Verlängerung derselben ist man jetzt sehr eifrig beschäftigt.

Die Geschwindigkeit, womit die Telegrafen arbeiten, gründet sich auf die außerordentlich große Schnelligkeit, mit welcher das Licht sich fortpflanzt. Das Licht legt nämlich den Weg von der Sonne bis zu uns, 150 Millionen Kilometer, in 7½ bis 8 Minuten zurück, folglich pflanzt es sich in einer Sekunde Zeit durch einen Raum von 300 000 km fort; es würde also in einer Sekunde fast achtmal um den ganzen Erdball herumlaufen können. Daher kann man die Geschwindigkeit des Lichts für jede Entfernung auf der Erde, und wenn sie auch viele Meilen betrüge, als augenblicklich annehmen, so, dass z. B. das Licht von einem hellen Gegenstand, welches mehrere Meilen weit von uns entsteht, auch in demselben Augenblick von uns wahrgenommen wird.

Auf Anhöhen oder auf hohen Türmen, die meilenweit um sich herum eine freie Aussicht haben, sind lange Balken oder eiserne Stangen mit mehreren gegliederten Armen und Flügeln aufgerichtet. Diese Arme und Flügel kann man durch Hilfe von Walzen, Rollen, Schnüren und Kurbeln schnell in gar vielerlei Lagen und Stellungen bringen, und zwar in so viele, dass jede einzelne dadurch hervorgebrachte Figur einen Buchstaben, auch wohl ein einzelnes Wort bedeutet. Mittelst solcher Buchstaben und Worte schreibt nun der gewöhnliche Telegraf. Ein zweiter stunden- oder meilenweit auf der Telegrafenlinie davon entfernter Telegraf, dessen Beobachter jenes Schreiben mit einem guten Fernrohr in demselben Augenblick sieht, wo der erste Telegraf schreibt, macht die Figuren von jenem sogleich nach; ein Beobachter des dritten sieht zu derselben Zeit nach dem zweiten, und macht dessen Figuren sogleich nach; und so fort bis zum letzten der Telegrafenlinie. Auf diese Art ist es möglich, etwa in einer Viertelstunde, Nachrichten durch einen Weg von 350 – 400 km hin zu verpflanzen.

Nähere Beschreibung der französischen oder Chappeschen Telegrafen

Auf jeder Telegrafenlinie ist ein Telegraf von dem anderen 2 bis 6 Stunden Wegs entfernt. Je weiter die Telegrafen voneinander entfernt sind, desto schneller fliegt die Nachricht. Aber es gibt, wie leicht einzusehen ist, Grenzen des guten und deutlichen Sehens, nicht allein mit bloßen Augen, sondern auch mit Fernrohren.

Die beste Entfernung, sowohl in Hinsicht des deutlichen Sehens mit guten Fernrohren als auch der Schnelligkeit des Operierens, möchten wohl 3 Stunden oder 1½ Meilen sein. Von Fernrohren nimmt man gute achromatische, welche ein großes Feld präsentieren und wenigstens 50–60-mal vergrößern. Jede Veränderung an der Maschine müssen die beiden nächsten Stationen deutlich wahrnehmen können. An jeder Station befindet sich, wo möglich auf einer Anhöhe, ein Wacht- oder Telegrafenhaus. Dieses hat ein horizontales oder plattes, mit einer Galerie umgebenes Dach, über welchem die Telegrafen-Vorrichtung in die Luft hinauf ragt. Unter der Galerie befindet sich der Raum für den mit dem Fernrohr befindlichen Beobachter, und noch weiter unten das Zimmer für diejenigen, welche die Maschine regieren und schreiben lassen.

Abb. 1–3 geben eine deutliche Vorstellung hiervon. Gewöhnlich sind drei Personen in dem Wachtzimmer, welche die nächsten Telegrafen beobachten, die gesehenen Zeichen wiederholen, aufschreiben, und die, wie Schildwachen, in bestimmten Zeiten abgelöst werden. Das Wachtzimmer pflegt viele Fenster zu haben, damit man sich nach allen Seiten gut umsehen könne.

Der Hauptteil jedes solchen Telegrafen ist ein 12 bis 16 Fuß über dem Boden der Galerie hervortretender lotrechter hölzerner oder eiserner Baum *a a* in *Abb. 2*. Auf diesem

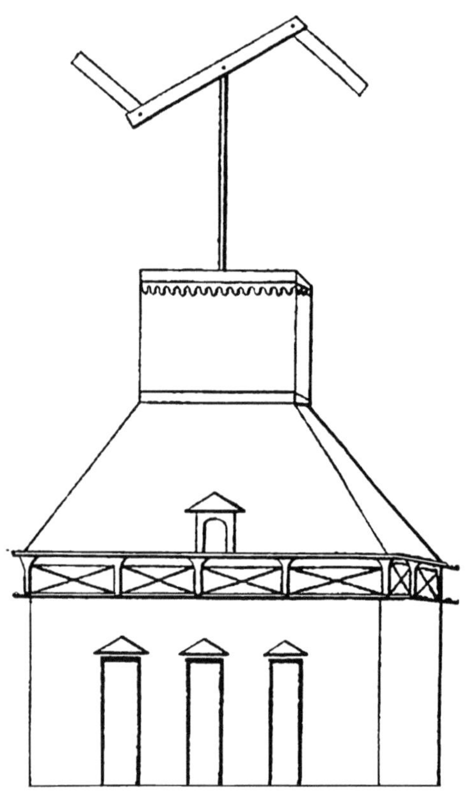

Abb. 1

Baum ist ein 2,7 – 3,7 m langer und 23 cm breiter Waagebalken oder Waagebaum *b b* so beweglich, dass er sich vermöge zweier starker Schnüre um die Achse *d* in einer vertikalen Fläche, wie man es *Abb. 3* sieht, herumdrehen lässt. An bei-

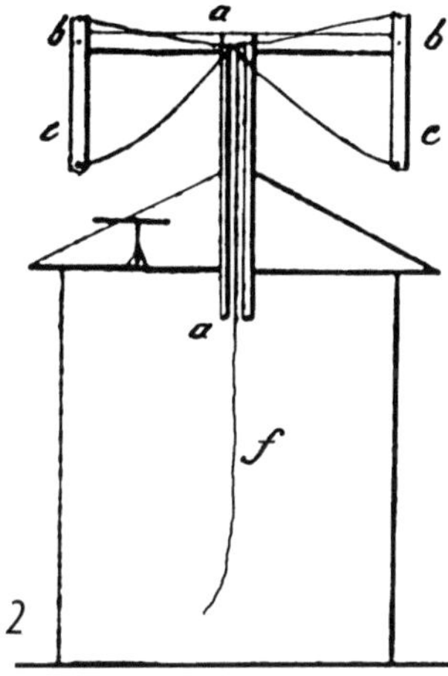

Abb. 2

den Enden dieses Waagebaums befinden sich zwei kleinere Balken oder Flügel *e e*, von derselben Breite, aber nur halb so lang, als der Hauptflügel *b b*. Diese Nebenflügel können in derselben Vertikalfläche nach allen möglichen Richtungen hingedreht werden. Hauptflügel sowohl, als Nebenflügel sind mit einer Farbe bemalt, die sich nach dem Hintergrunde richtet, wie er sich dem Beobachter darstellt.

An der Achse *d* des Waagebaums oder Hauptflügels *b b* befindet sich eine Rolle, die auf ihrer Peripherie zwei Rinnen hat. Um diese Rinnen herum liegen zwei Schnüre, die bis unten nach *f* in das Wachtzimmer laufen.

Mittelst dieser Schnüre wird der Waagebaum gedreht; und wenn letzterer bei seiner Umdrehung auch unzählige, und zwar immer verschiedene Stellungen einnehmen könnte, so ist die Maschine doch nur auf vier Stellungen desselben eingerichtet, teils, weil man nicht mehr nötig hat, teils, weil durch mehrere Veränderungen leicht ein Irrtum entstehen könnte. Jene vier Stellungen sieht man in *Abb. 4.* Die beiden 90 – 120 cm langen Seitenflügel *e e* sind so angebracht, dass jeder für sich um eine Rolle mit doppelter Rinne in der vertikalen Ebene sich

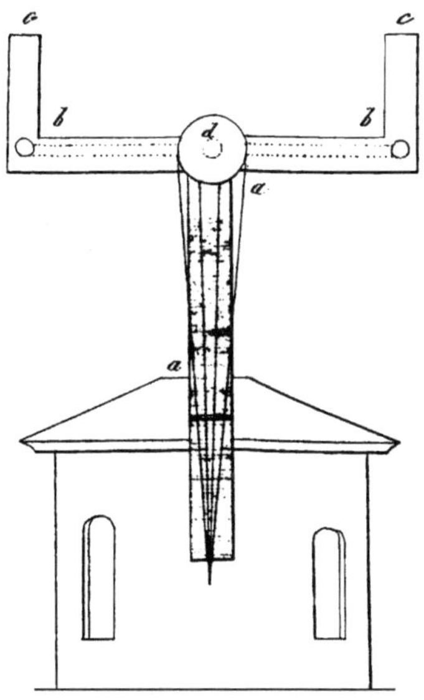

Abb. 3

herumbewegen lässt. Die Bewegung jedes Seitenflügels um seine Rolle geschieht gleichfalls durch zwei Schnüre. Damit diese sich nicht verwirren, so gehen sie im Inneren des Waagebaums hin. So kann nun sowohl der Waagebaum, als auch jeder der Seitenflügel, für sich bewegt werden.

Durch das Spiel dieser wenigen beweglichen Teile kann man eine große Figurenmenge darstellen, wovon jede ihre eigene Bedeutung hat. Solange die Maschine ruht, liegen die Seitenflügel eingeschlagen und platt auf dem horizontalen Hauptflügel und sind daher nicht sichtbar. Die Vorrichtung erscheint dann als ein

Abb. 4

großes lateinisches T. Wenn aber die Maschine schreibt, so kommt gleichsam Leben in die Seitenflügel, und der Zuschauer erblickt an ihnen eine von unsichtbaren Händen geleitete Tätigkeit. Sie strecken sich dann, je nach dem Buchstaben, Worte u. dgl., das sie vorstellen sollen, bald nach dieser, bald nach jener Richtung; bald hängen beide herab, bald schwingen sie sich empor; bald hängt ein Flügel herab, während der andere in der Höhe steht; bald dehnen sie sich wieder zu einer geraden Linie mit dem Waagebaume aus; usw. In jeder dieser Stellungen ruht die Maschine nur einen

Abb. 5

Augenblick, nämlich nur so lange, dass für den Beobachter keine Verwirrung entsteht. So kann jeder Seitenflügel sieben deutlich voneinander zu unterscheidende Lagen, wie *Abb. 5* zeigt, gegen den Waagebaum annehmen, indem er immer durch einen Winkel von 45° von einer Stellung zur nächsten fortschreitet.

Was für Stellungen nun die ganze Maschine überhaupt annehmen kann, ist leicht auf folgende Art einzusehen.

Zuerst kann der große Waagebaum mit eingeschlagenen Seitenflügeln vier leicht zu unterscheidende Stellungen bekommen. Da nun jeder Seitenflügel für eine jener Stellungen des Waagebaums sieben Stellungen annehmen kann, so macht dies für alle vier Stellungen des Waagebaums $4 \times 7 = 28$ Stellungen aus; dies wären demnach für beide Seitenflügel $2 \times 28 = 56$ Stellungen gegen den Waagebaum.

Weil ferner der eine Seitenflügel bei einer gewissen Stellung des anderen in sieben verschiedene Lagen treten kann, bei der zweiten Stellung des anderen abermals in sieben Lagen, bei der dritten ebenfalls etc., so können beide Seitenflügel für einerlei Stellung des Waagebaums $7 \times 7 = 49$ verschiedene Lagen gegeneinander erhalten, folglich erhält man für die vier Stellungen des Waagebaums $4 \times 49 = 196$ Stellungen. Hieraus ergibt sich wohl deutlich genug, dass man mit der ganzen Maschine überhaupt $4 + 56 + 196$, oder zusammen 256 Stellungen deutlich zu unterscheiden vermag. Von diesen 256 Stellungen gebraucht man ungefähr 24 als Buchstaben, 10 andere für die zehn Ziffern (Zahlzeichen,) folglich höchstens 34 Zeichen, um über alle mögliche Ereignisse Nachricht zu geben.

Was die Bedeutung der Zeichen betrifft, so findet darüber vor dem Gebrauch etwa zwischen einem Minister und dem Telegrafen-Direktor eine Verabredung statt. Die Nachricht selbst stellt man in so wenigen Worten wie möglich dar. Wir wollen einmal die Telegrafenlinie von Straßburg bis Paris als Beispiel annehmen. Der Straßburger Telegraf gibt dann zuerst das Zeichen zum Aufmerken, was sogleich in der ganzen Linie bis Paris von jedem Telegrafen nachgemacht wird. Nun fängt das eigentliche Schreiben der Maschine selbst an. Die jedesmalige Bewegung der Maschine dauert hierbei 4 Sekunden, und nach derselben ruht die Maschine 16 Sekunden; jede Veränderung kostet daher genau 20 Sekunden. Der Beobachter des ersten Telegrafen sieht durch sein Fernrohr, ob der zweite Telegraf sein Zeichen nachgemacht hat. Von dem zweiten macht es sogleich der dritte nach, von dem dritten der vierte, und so geht es durch die ganze Telegrafenlinie bis Paris fort. Immer nach 20 Sekunden erscheint ein neuer Buchstabe, bis die Nachricht völlig vorbuchstabiert ist. Der Aufseher des Telegrafen zu Paris schreibt ein Zeichen nach dem anderen auf; er gibt diese Zeichen, wenn sie alle beisammen sind, dem zur Entzifferung Angestellten; dieser findet dann leicht die Bedeutung derselben durch Vergleichung mit seinem Alphabete. Bei diesem Schreiben der Telegrafen können, wie man leicht einsieht, die ersten Worte einer Nachricht schon in Paris sein, während der Straßburger Telegraf die letzten Buchstaben noch nicht aufgesteckt hat.

Von den drei Personen, welche bei jedem Telegrafen angestellt sind, und welche später von anderen drei Personen abgelöst werden, späht einer durch die in der Wand des Gebäudes befestigten Fernrohre, von denen das eine nach dem zu beobachtenden Telegrafen, das andere nach denjenigen hingerichtet ist, wohin die Mitteilung gemacht werden soll. Die andere Person lässt die Maschine spielen, und die dritte Person schreibt die empfangenen Signale nieder. Diese letztere Person trägt die Zeichen des Telegrafen auch wohl sogleich in die gewöhnliche Buchstabenschrift über, wenn aus der Nachricht kein weiteres Geheimnis gemacht werden soll. Der Späher am Fernrohr ruft jedes Zeichen, welches er von seinem Korrespondenten machen sieht, dem bei der Maschine Angestellten zu, und dieser ahmt es sogleich nach. Unmittelbar darauf sieht ersterer durch das andere

Fernrohr nach dem folgenden Telegrafen, ob dieser das Signal richtig kopiert.

Soll die Nachricht geheim bleiben, so wählt man von den 256 Zeichen, je nach einer anderen Zeit oder einem anderen Ort, wieder andere zur Bezeichnung der Buchstaben und Ziffern, damit weder die Beamten in den telegrafischen Zwischen-Stationen, noch das Volk, die Zeichen verstehen lerne. So kann die Regierung die wichtigsten Anzeigen, an deren Geheimhaltung viel gelegen ist, dem Telegrafen anvertrauen. Übrigens kann jede Telegrafenlinie auch auf bestimmte Zeit ihr eigenes, den Beamten der Zwischen-Stationen bekanntes Alphabet haben, damit man im Stande sei, der Regierung aus allen Gegenden Mitteilungen über Vorfälle zu machen, die sich gerade, und zwar auch wohl unerwartet, ereignen, während die geheime Bezeichnungsart für besondere Vorfälle aufgespart wird.

Sonst werden auch wohl manche einfache Zeichen für gewisse, oft gebrauchte ganze Wörter angewendet, wodurch man dann allerdings Zeit spart.

Wenn sich auch im Allgemeinen die Entfernung der telegrafischen Stationen voneinander nach der Weite richtet, in welcher ein gutes Fernrohr die Figuren der Telegrafen-Flügel noch deutlich darstellt, und wenn man auch die mittlere oder beste Entfernung zu 3 Stunden annehmen kann, so ist man doch oft gezwungen, von diesen Sätzen und Regeln abzuweichen. So muss jene Entfernung oft wegen Unebenheiten der Erdfläche abgekürzt werden, welche die Gesichtslinie der Telegrafen unterbrechen würden. Ist sogar ein Berg in der Linie, so muss man auf der obersten Spitze dieses Bergs einen Telegrafen anbringen. Dies war z. B. der Grund, warum in der Telegrafenlinie zwischen Paris und Lille die zweite Station schon auf den Montmartre kam, nur eine Stunde von dem Pariser Telegrafen. Die Lage aller Telegrafengebäude muss übrigens so sein, dass die fernschreibende Maschine sowohl für den diesseitigen, als jenseitigen Beobachter über den dunklen Horizont hervorragt.

Man kann den beschriebenen Telegrafen auch zur Nachtzeit anwenden. Zu diesem Zweck braucht man bloß in die Mitte und an die beiden Enden des Hauptflügels sowie an die Enden der Seitenflügel, bewegliche Laternen zu hängen, welche wie die Schiffslaternen und Schiffskompasse, nämlich so eingerichtet sind, dass sie stets eine senkrechte Lage behalten. Alsdann kann man die Figuren der Flügel recht gut sehen. Aber Nebel und Regen sind zufällige Hindernisse, welche auf die Zeit ihrer Dauer den Gebrauch des Telegrafen aufheben.

Englische Telegrafen

Vorzüglichen Beifall fand Chappes Erfindung frühzeitig in England. Der Herzog von York verschaffte sich zwei in Frankfurt am Main verfertigte Modelle des französischen Telegrafen. Bald machte man in England selbst Versuche mit solchen Fernschreibmaschinen, und nicht lange dauerte es, so wurde auch schon ein Telegraf in einer Posten-Kette von dem Admiralitätsamt bis an die Seeküste aufgestellt. Die Engländer wollten aber nicht gern Chappes Maschine nachmachen, sondern etwas Eigentümliches haben. Deswegen war der englische Telegraf auch wesentlich verschieden von dem französischen.

Der englische Telegraf *(Abb. 6)* besteht aus sechs achteckigen Tafeln oder Brettern, deren jedes auf einer Achse in einem Rahmen so balanciert, dass es entweder senkrecht gestellt werden kann, wo es dann dem Beobachter auf der nächsten Station in seiner völligen Gestalt erscheint, oder dass es eine horizontale Lage hat, wo es dem Beobachter in seiner Entfernung von der Maschine unsichtbar wird, weil dann bloß die schmale Kante nach seinem Auge hingekehrt ist. Haben alle Bretter diese horizontale Lage so

befindet sich die Maschine außer Arbeit. Ist hingegen die Maschine zur Arbeit fertig, so sind alle ihre Tafeln geschlossen. Es versteht sich übrigens, dass alle Rahmen, welche die Tafeln enthalten, auf das Festeste mit einem starken Gerüste verbunden sind, das über dem Telegrafen-Haus bis zur gehörigen Höhe hervorragt. Die Tafeln bilden gleichsam verschiedene Türen, die bald offen, bald verschlossen sind.

Die Öffnung der ersten Tür zeigt **A**, der zweiten **B**, der dritten **C** der vierten **D**, der fünften **E**, der sechsten

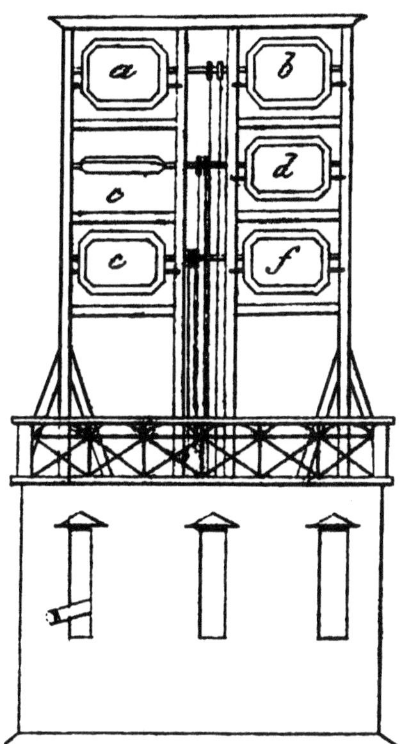

Abb. 6

F, usw. Leicht kann man nun nach der Kombinationslehre zeigen, dass durch Öffnen und Schließen von sechs Klappen 63 Zeichen gegeben werden können, nämlich sechs Zeichen durch Öffnung einer Klappe, in ihrer natürlichen hintereinanderfolgenden Ordnung **A, B, C, D, E, F**; alsdann 15 Zeichen, wenn man je zwei Klappen öffnet; **AB, AC, AD, AE, AF, BC, BD, BE, BF, CD, CE, CF, DE, DF, EF**; ferner 20 Zeichen mit je drei geöffneten Klappen, **ABE, ABD, ABE, ABF, ACD, ACE, ACF, ADE, ADF, AEF, BCD, BCE, BCF, BDE, BDF, BEF, CDE, CDF, CEF, DEF**; nun 15 Zeichen mit je vier geöffneten Klappen, **ABCD**, **ABCE**, **ABCF**, **ABDE**, **ABDF**, **ABEF**, **ACDE**, **ACDF**, **ACEF**, **ADEF**, **BCDE**, **BCDF**, **BCEF**, **BDEF**, **EDEF**; hierauf sechs Zeichen mit je fünf geöffneten Klappen, **ABCDE**, **ABCDF**, **ABCEF**, **ABDEF**, **ACDEF**, **BCDEK**; und endlich ein Zeichen mit sechs geöffneten Klappen. Jedes Zeichen bedeutet einen einzelnen Buchstaben oder eine Ziffer. Man sucht aber so viel wie möglich die Zahl der Buchstaben dadurch zu verringern, dass man

Abb. 7

die entbehrlichen weglässt. Sind alle Klappen offen, so wird nicht geschrieben; sind alle Klappen verschlossen, so will der Telegraf zu schreiben anfangen. Selbst fünf Tafeln würden schon zum Schreiben hinreichend sein.

Einfach ist dieser Telegraf allerdings; man hat ihm bloß zum Vorwurf gemacht, seine Gestalt sei zu plump; man könne ihn deswegen zu keiner beträchtlichen Höhe über dem Gebäude emporrichten, auch könne man ihn nicht so machen, dass er seine Richtung ändert, und eben deswegen könne er nur von einem gewissen bestimmten Punkt gesehen werden.

Ein anderer englischer Telegraf hat folgende Einrichtung.

Ein gehörig hoch und in vertikaler Fläche angebrachter Halbkreis hat 3½ m im Durchmesser, folglich rund 11 m im Umfang. Er ist in 24 gleiche Teile geteilt; jeder dieser Teile nimmt daher einen Raum von 45 cm ein, und umfasst einen Bogen von 7½°. Alle 24 Abteilungen sind mit eben so vielen kreisförmigen Öffnungen, von 15 cm im Durchmesser, so besetzt, dass sie auf jeder Seite der Öffnungen einen leeren Raum von 15 cm lassen. Diese Öffnungen fangen von der Linken an; sie bezeichnen die Buchstaben des Alphabets, mit Weglassung des K, I, B, X und Q, weil diese hier unnütz wären. Die Zahl der Buchstaben ist daher 21. Die vier übrigen Räume werden für Zeichen aufbehalten. Ein an dem Mittelpunkt befindlicher Zeiger des Werkzeugs ist mittelst eines Haspels beweglich; er hat zwei Knöpfe, je nachdem er bei Tage oder bei Nacht gebraucht werden soll. Der eine Knopf ist kreisförmig von lackiertem Eisen oder Kupfer, von gleichem Durchmesser mit den Öffnungen; er verdunkelt jede derselben, gegen welche er stillsteht. Der andere ist pfeilförmig, schwarz und stark poliert; er ist deutlich sichtbar, wenn er am Tag vor irgendeiner Öffnung steht.

Bei Nacht werden die Öffnungen durch eine Zwischenscheibe (Diaphragma) verengt, welche an jeder so anliegt, dass eine Öffnung von nicht mehr als 5 cm im Durchmesser bleibt. Diese Zwischenscheibe ist von gut poliertem Zinn; ihr innerer Rand ist nur in einer Tiefe von 1,3 cm schwarz lackiert. Wird die Vorrichtung wirklich bei Nacht gebraucht, so werden alle Öffnungen durch kleine Lampen erleuchtet; nach Umständen fügt man dann auch noch erhabene Glaslinsen hinzu, welche in jede Zwischenscheibe passen, das Licht verdichten und verstärken. Über jede Öffnung wird von den bekannten sieben Farben, wie der Regenbogen sie darstellt, eine solche gemalt, welche am wenigsten missverstanden werden kann. Unter jenen sieben Farben sind fünf von dieser Art: Rot, Orange, Gelb, Grün, Blau. Man bringt sie in einer Weite von 45 cm, und in einer Tiefe von 10 cm an; oder man wählt auch, des bessern Abstechens wegen, und um die gleich aufeinanderfolgenden Öffnungen unterscheidbar zu machen: Rot, Grün, Orange und Blau. Der ganze innere Kreis, neben und zwischen den Öffnungen, wird schwarz angestrichen.

Beim Anfang des Gebrauchs dieses Telegrafen wird der Zeiger an die Zeichenöffnung zur Rechten gesetzt; alle Öffnungen werden bedeckt oder verdunkelt, mit Ausnahme derjenigen, welche das Zeichen geben soll, und ein Geschütz wird abgefeuert, um den Beobachter aufmerksam zu machen. Ist der Zeiger wirklich an die erste Öffnung gebracht, so zeigt dies an, dass Worte ausgedrückt werden sollen; steht er an der zweiten Öffnung, so sollen Figuren ausgedrückt werden; steht er an der dritten, so sollen die Figuren aufhören und die Nachricht soll in Worten weiter gehen. Wenn Figuren ausgedrückt werden sollen, so nimmt man die abwechselnden Öffnungen von der Linken, in ihrer Ordnung, um 1 bis 10 zu bezeichnen; die zweite von der Rechten bezeichnet 100; die fünfte 1000. Diese Ordnung und die Zwischenräume nimmt man, um bei einer so wichtigen Sache Verwirrung zu vermeiden.

Dass ein solcher Telegraf einfach und nicht kostspielig ist, leuchtet in die Augen. Auch die Behandlung desselben ist leicht.

Der neue preußische Telegraf

Der erste preußische Telegraf auf der Linie von Berlin bis Köln befindet sich zu Berlin auf der Sternwarte; der Magdeburger, welcher in derselben Linie fertig ist, befindet sich auf dem östlichen Teil der Johanniskirche; zwischen Berlin und Magdeburg aber sind in der jedesmaligen Entfernung von 6 – 13 km Telegrafenhäuser gebaut, wenn nicht etwa ein schon vorhandenes Gebäude für die Aufstellung des Telegrafen benutzt werden konnte.

Ein solches Haus gibt zugleich die Wohnung von wenigen Menschen ab. Es hat auf dem einen Ende des Dachs eine hölzerne umgitterte Plattform, unter welcher das Wachthaus sich befindet, und über welcher die Fernschreibmaschine hervorragt, so, wie

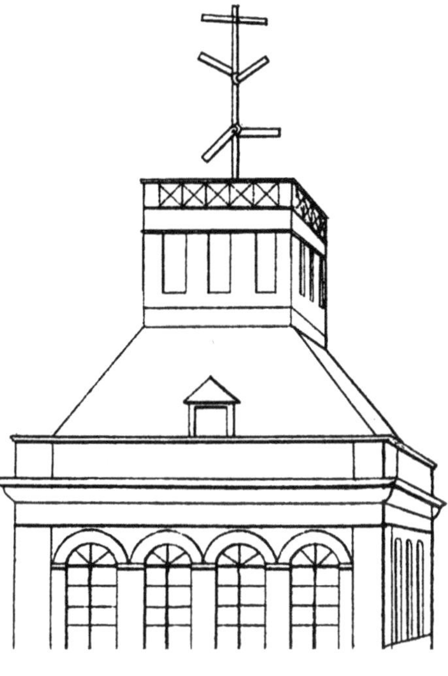

Abb. 8

man es auf Abb. 8 sieht. Der Hauptteil derselben besteht aus einem etwa 6 m langen, lotrecht über der Plattform hervortretenden Balken *a* (Abb. 9), woran sechs hölzerne Flügel von 125 cm Länge und 40 cm Breite befestigt sind, und zwar am Ende dieses Balkens an drei verschiedenen Stellen paarweise.

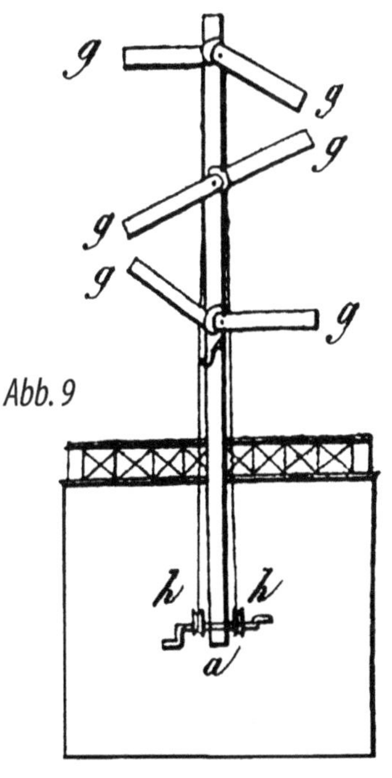

Abb. 9

Jeder Flügel enthält eine Rolle, über welche eine Schnur geschlagen ist, die über eine, mit einer Kurbel *h h* verbundenen Scheibe läuft. So kann er, durch Umdrehung der Kurbel, in einer vertikalen Fläche auf- und niederbewegt werden. Derjenige Teil der Schnüre, welcher nicht an den Scheiben zu liegen kommt, besteht aus Draht.

Abb. 10

Die beweglichen Flügel *g* machen ein Gitterwerk aus (Abb. 10), damit der Wind weniger Wirkung auf sie habe, und sie nicht in ihrem Spiel stören könne. Übrigens kann man sie auch mit hölzernen Jalousien überdecken. Die Rollen der Flügel sind mit diesen an einerlei Achse befestigt. Die Achsen gehen durch den lotrechten Baum, so, dass immer zwei zu einem Paar gehörige Flügel an entgegengesetzten Seiten des lotrechten Baums bewegt werden.

Wenn jeder von den sechs Flügeln bei seiner Bewegung einen Halbkreis beschreibt und hintereinander in Lagen gebracht wird, welche von den vorhergehenden um 45° verschieden sind, so erhält ein Flügel vier deutlich voneinander zu unterscheidende Stellungen. Nimmt der zweite Flügel für jede Stellung des ersten auch vier veränderte Lagen an, so kann ein Flügelpaar zu 16 Zeichen benutzt werden. Sind nun ferner z.B. die beiden oberen Flügelpaare zusammen tätig, so kann das zweite, bei jeder von den 16 Stellungen des ersten, wieder 16 verschiedene Zeichen bilden, folglich lassen sich durch beide Flügelpaare $16 \times 16 = 256$ Zeichen, also eben so viele, wie bei den französischen Telegrafen darstellen. Kommt noch das Spiel des dritten Flügelpaars dazu, so kann man, für jede Stellung des dritten Paares, 256 verschiedene Stellungen der beiden ersten Paare in Ausführung bringen, und dann ließen sich mit der ganzen Maschine $256 \times 16 = 4096$ Zeichen darstellen. Nun sind aber schon die 256 Zeichen mehr als hinreichend zum Schreiben aller Worte mit Buchstaben; folglich brauchte man das dritte Flügelpaar bloß zu Zahlzeichen zu benutzen.

Nimmt man indessen an, dass jeder Flügel 45° mehr als einen Halbkreis beschreiben kann, so macht ein Flügel fünf, folglich ein Flügelpaar $5 \times 5 = 25$ Zeichen. Auf diese Weise konnte man das erste Flügelpaar zu großen, das zweite zu kleinen Buchstaben, und das dritte zu Ziffern und zu Interpunktionen anwenden. Die einfachste Einrichtung bei diesem Telegrafen wäre freilich die, wo jeder Flügel nur um einen Winkel von 90° auf- und nieder bewegt würde. Alsdann gäbe ein

Flügelpaar vier Zeichen; zwei Flügelpaare könnten auf diese Weise $4 \times 4 = 16$; drei Flügelpaare könnten $4 \times 16 = 64$ Zeichen darstellen. So viele wären zur Erteilung telegrafischer Nachrichten vollkommen hinreichend. Eine Maschine von dieser Einrichtung wäre besonders deswegen empfehlenswert, weil dann, um sie in Tätigkeit zu setzen, und dem Flügel die richtige Stellung zu geben, eine Kurbel nur so weit vor- oder rückwärts gedreht zu werden brauchte, bis der Draht an die Rolle kommt. Alsdann würden selbst Menschen, die wenig Geschick haben, bei der Maschine angestellt werden können, ohne dass man Irrungen zu besorgen hätte.

Auf jeden Fall kann man mit dem preußischen Telegrafen viele Veränderungen machen. Er ist einfach, sicher, dauerhaft und nicht kostspielig.

Der aerostatische Telegraf des Conté und der elektrische Telegraf

Der aerostatische Telegraf des Physikers Conté zu Moudon in Frankreich, besteht aus acht Zylindern von schwarzem Wachstuch, welche in Zwischenräumen von 120 cm übereinander hängen; sie sind, durch Stricke unter sich verbunden, an der Gondel des Luftballs befestigt. Der in der Gondel sitzende Signalist führt aus hoher Luftregion die telegrafische Korrespondenz, indem er mittelst des durch den Boden der Gondel geleiteten Strickes die Stoffzylinder zusammenzieht, wieder auseinander lässt etc., und auf diese Weise 265 Veränderungen hervorbringen kann. Ein solcher Telegraf soll vorzüglich den Zweck haben, im Krieg, namentlich für belagerte Festungen, zum Signalisieren gebrauch zu werden.

Conté beschäftigte sich auch mit der Erfindung eines solchen aerostatischen Telegrafen, welcher, ohne eines mit aufsteigenden Signalisten zu bedürfen, an einen 3,7 m hohen Luftballon gehängt, von der Erde aus durch Stricke dirigiert wird.

Der aerostatische Telegraf ist wohl noch zu keiner rechten Anwendung gekommen. Dasselbe ist auch der Fall mit dem elektrischen Telegrafen. Die Möglichkeit, durch Elektrizität, mittelst einer großen sehr wirksamen Elektrisiermaschine, zu signalisieren, könnte wohl auf dreierlei Wegen geschehen, nämlich 1.) durch einfache elektrische Funken, 2.) durch den verstärkten elektrischen Funken, und 3.) durch das elektrische Licht im luftleeren Raum.

Die einfachen elektrischen Funken könnten einem isolierten Draht mitgeteilt werden, dessen Ende in der Nähe einer geladenen elektrischen Pistole sich befände. So ließen sich wenigstens einzelne Signale geben. Verstärkte elektrische Funken kommen bekanntlich bei der Entladung von großen Kleistschen Flaschen (Erschütterungsflaschen, Verstärkungsflaschen) oder durch elektrische Batterien zum Vorschein. Bei der Anwendung solcher Funken müsste der sogenannte elektrische Erschütterungskreis unterbrochen, folglich auch die elektrische Materie in ihrem Lauf unterbrochen werden; alsdann würde sie einen Sprung, oder, je nach der Zahl der Unterbrechungen, mehrere Sprünge tun, und dann müsste es eben so viele Funken geben. Die Metalldrähte könnten in Kanälen unter der Erde nebeneinander weggeführt werden, die Unterbrechung aber müsste an demjenigen Orte sein, wo man das Signal sichtbar machen wollte. Das elektrische Licht endlich müsste in großen und weiten luftleeren gläsernen Röhren stattfinden, die zu Buchstaben geformt wären, und diese müssten dann durch Fernröhren beobachtet werden.

Aber wie beschwerlich und wie unsicher würden solche Arten von Telegrafen sein!

Die Telegrafen des Bürja, des Kveguen,
des Bergsträßer und einiger Anderer

Bürja in Berlin schlug zu einem Telegrafen eine große, schwarz angestrichene oder auch nur mit Wachstuch überzogene hölzerne Scheibe vor, mit einem durch einen leichten Mechanismus zu bewegenden Zeiger. Dabei setzte er voraus, dass man leicht, ohne besondere Bezeichnung der Ziffern 1 – 12 auf der Scheibe, diese zwölf Stellen derselben unterscheiden könnte (was doch wohl leicht Irrungen machen möchte). Die Wörter, Silben und Buchstaben ließ er also durch Zahlen ausdrücken.

Der Tag- und Nachttelegraf des Kveguen besteht bloß aus einer Hütte mit zwei Seitenflächen, deren jede drei kreisförmige Öffnungen hat, durch welche eine Leiste vertikal oder horizontal hindurchläuft, je nachdem die Zentrallinie vertikal oder horizontal ist. Diese Öffnungen sind mit einer undurchsichtigen Scheibe bedeckt, in welcher für den Tag-Telegrafen, je nachdem die Scheibe weiß oder schwarz ist, ein schwarzer oder weißer Halbmesser sich befindet. Für den Nacht-Telegrafen beleuchtet man diesen Halbmesser.

Aus dem Inneren der Hütte wird die Bewegung geleitet. Nach Belieben oder nach Erfordernis bildet man rechte Winkel und spitzige Winkel, rechts und links, aufwärts und abwärts. Die Größe der Hütte selbst ist übrigens verhältnismäßig mit dem Durchmesser der Scheibe, und dieser Durchmesser richtet sich nach der Entfernung der Telegrafen untereinander.

Die Versuche, welche Kveguen mit diesem Telegrafen anstellte, gelangen ihm sogar beim Mondschein. Er wollte sehen, wie groß die beleuchteten Halbmesser sein müssten, wenn sie in einer gewissen Entfernung deutlich gesehen werden sollten. Der erste Halbmesser war 140 cm lang und

20 cm breit; der zweite war 120 cm lang und 15 cm breit; der dritte 90 cm lang und 10 cm breit; der vierte 60 cm lang und 7 cm. Die gegebenen Zeichen wurden auch bei dem Halbmesser von 60 cm Länge und 7 cm Breite auf eine Entfernung von 3 km deutlich gesehen und verstanden.

Einfach und wohlfeil ist ein solcher Telegraf allerdings; er ist vornehmlich zum Signalisieren der aus- und einlaufenden Schiffe brauchbar befunden worden. Auch einen tragbaren Tag-Telegrafen von ähnlicher Art machte Kveguen.

Das Zifferblatt einer Uhr wurde ebenfalls schon zu einem Telegrafen vorgeschlagen. Ein solches Zifferblatt kann 144 Zeichen so darstellen, dass sie in einer großen Entfernung sichtbar sind. Ein Telegraf von dieser Art, selbst bloß mit sechs Abteilungen, statt mit zwölf, würde einfach und wohlfeil sein, und könnte, ohne Schwierigkeit, 6 – 9 m hoch über dem Gebäude errichtet werden. Er könnte auch auf einem einzigen vertikalen Wellbaum ruhen, und sich mit demselben herumdrehen lassen, wie eine deutsche Windmühle. Das Abstechen der Farben würde dabei immer dasselbe sein. So gäbe der Telegraf mehr Sicherheit, als der oben erwähnte von Bürja.

In Deutschland beschäftigten sich vor 40 Jahren zwei gelehrte Männer, Böckmann und Bergsträßer viel mit der Telegrafie. Auch machten sie manche interessante Versuche mit verschiedenen Signalisiermitteln, selbst Schallversuche mit Halbmonden, Trompeten, Büchsen und Kanonen sowie Lichtversuche mit Pulverblitzen oder Blickfeuern, mit Widerscheinen von Feuer an Wolken, mit Fahnen, Feuersäulen etc. Doch alle diese Signale bewährten sich unsicher und mangelhaft im Vergleich mit wirklichen Telegrafen, von Chappes Erfindung an bis an die letzten bisher beschriebenen. Am brauchbarsten unter ihnen haben sich noch die Fahnen gezeigt, deren Gebrauch freilich auf ähnliche

Grundsätze sich stützt, wie derjenige der gewöhnlichen Telegrafen. Könnten ja auch Windmühlen mit ihren Flügeln, Kräne mit ihren Schnäbeln zu telegrafischen Ideen Anlass geben!

Besondere Arten von Nacht-Telegrafen

Zu einem Nacht-Telegrafen hat man folgende Vorrichtung sehr geeignet gefunden. Man bringt auf der Spitze eines Beobachtungsplatzes oder auf einer Warte vier große Strahlenwerfer (Hohlspiegel oder Reflektoren) an, welche in einerlei Ebene mit dem Horizont gleichlaufend liegen. Jeder dieser Strahlenwerfer muss aber, mittelst zweier Winden, bis auf einen gewissen Grad erhöht und erniedrigt werden können. Eben durch die Erhöhung oder Erniedrigung eines oder zweier Strahlenwerfer können 18 sehr unterschiedene Anordnungen zum Vorschein gebracht werden, wie sich aus *Abb. 11* ergibt.

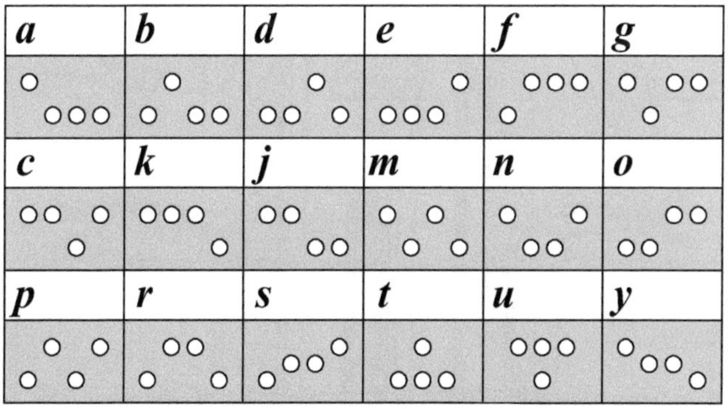

Nun können aber, wie jeder leicht einsieht, noch viele Änderungen gemacht werden; eine größere Anzahl von Verwechselungen kann stattfinden, ohne dass man die Zahl der Strahlenwerfer vermehrt. An dem ersten Beobachtungsort wird nur ein Satz von einfachen Strahlenwerfern erfordert; an den anderen Orten aber muss jeder Strahlenwerfer doppelt sein, damit er sowohl dem vorhergehenden, als auch dem nachfolgenden Beobachtungsplatz

a	b	d	e	f	g
○ ○○○	○ ○ ○○	○ ○○ ○	○ ○○○	○○○ ○	○ ○○ ○
c	**k**	**j**	**m**	**n**	**o**
○○ ○ ○	○○○ ○	○○ ○○	○ ○ ○ ○	○ ○ ○○	○○ ○○
p	**r**	**s**	**t**	**u**	**y**
○ ○ ○ ○	○○ ○ ○	○ ○○○ ○	○ ○○○	○○○ ○	○ ○○○ ○

Abb. 11

entgegenstehe. Übrigens sollte jeder Beobachtungsplatz mit
zwei Fernrohre versehen sein. Der gehörige Durchmesser
der Strahlenwerfer und ihre Entfernung voneinander lässt
sich durch Erfahrung bestimmen. Nach jeder Anordnung
muss jeder Strahlenwerfer wieder an
seine Stelle gebracht werden.

Man kann diesen Nacht-Telegrafen auch in einen Tag-Telegrafen ver-
wandeln. Um dies zu tun, ist weiter
nichts nötig, als statt der Strahlenwerfer vergoldete Kugeln
oder andere in die Augen
fallende Körper einzuset-
zen.

Vor ein paar Jahren
kam in England
ein Nacht-Telegraf
mit Gasbeleuch-
tung zum Vor-
schein, welcher
auf folgende Art
eingerichtet ist.

Auf einem ei-
sernen Gestell
(Abb. 12), welches
ein gleichseitiges
Dreieck bildet,
sind Laternen,
a, b, c, d, e, f mit

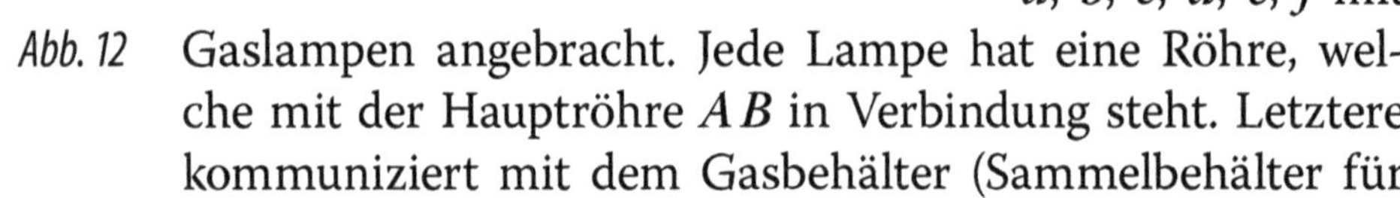

Abb. 12 Gaslampen angebracht. Jede Lampe hat eine Röhre, welche mit der Hauptröhre *A B* in Verbindung steht. Letztere
kommuniziert mit dem Gasbehälter (Sammelbehälter für

die brennbare Luft). Klappen oder auch Hähne *m* werden durch Zugschnüre *r* gezogen. Durch eine elastische Feder oder durch ein Gewicht werden sie darauf geschlossen. So wie eine Klappe geöffnet wird, strömt Gas in die zugehörige Lampe. Dieses Gas wird durch eine kleine, in dem oberen Teile der Laterne verborgene Flamme, unmittelbar über der Lampe entzündet.

Die Lampen erhalten ihre brennbare Luft mittelst kleiner (in der Figur nicht dargestellter) Röhren, welche von den übrigen Röhren unter den Klappen *r* auslaufen, und zwar so, dass ihre Verbindung mit der Hauptröhre nicht unterbrochen wird, wenn die Klappen geschlossen sind. Auf diese Art werden die Lampen so lange brennend erhalten, als der Telegraf in Tätigkeit ist. In jedem Signalhaus muss übrigens ein kleiner Apparat sich befinden, worin brennbare Luft aus Öl (Ölgas) entwickelt werden kann.

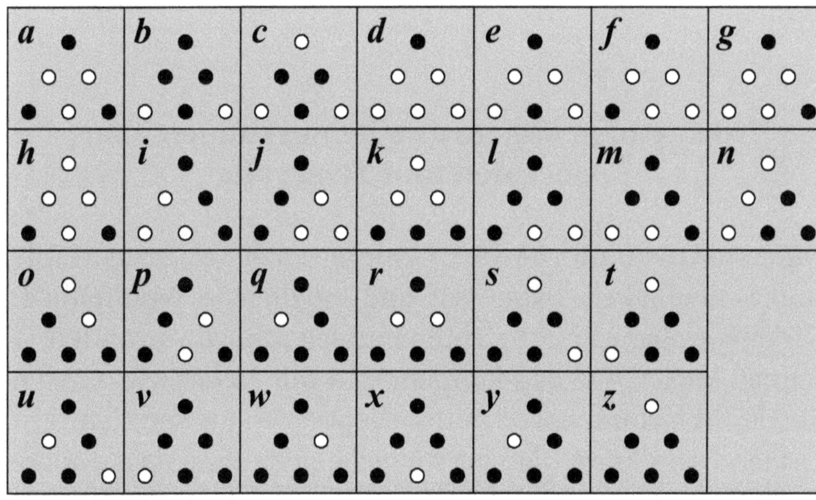

Abb. 13

Man sieht auf *Abb. 13* die Signale in alphabetischer Ordnung. Solcher Signale kann man leicht noch mehrere anbringen. Die schwarzen Punkte bezeichnen die Lampen, welche brennend erhalten werden müssen.

Dass man mit fünf Lichtern (Gaslichtern, Fackeln, Reflektoren u. dgl.) 21 besondere Zeichen geben kann, wird schon folgende Darstellung *Abb. 14* vor Augen legen.

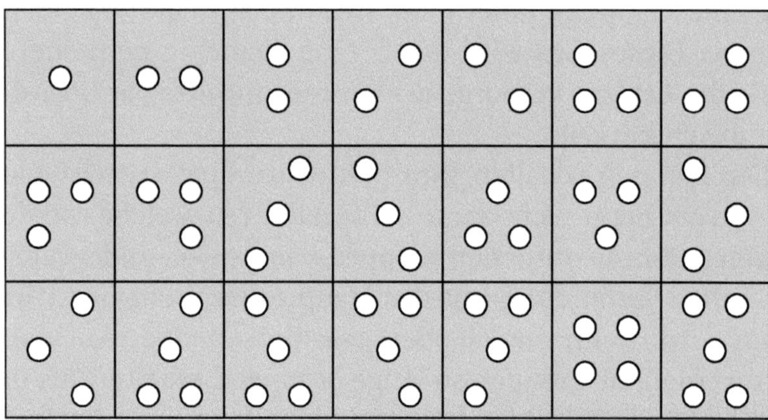

Abb. 14

Und so lassen sich für dergleichen Telegrafen noch manche andere einfache und wohlfeile Anordnungen aussinnen.

Noch einige allgemeine Bemerkungen über Telegrafen und Telegrafie

Die ersten Bedingungen beim Anlegen einer Telegrafen-Linie sind Schnelligkeit, Sicherheit und möglichste Wohlfeilheit. Die aufgegebenen Nachrichten müssen schnell versandt und schnell kopiert werden können, und mit Sicherheit müssen die der Maschine anvertrauten Depeschen an den richtigen Ort und an die richtige Person gelangen, ohne dass andere Unberufene sie, trotz des öfteren Kopierens, zu entziffern im Stande sind. Nicht bloß in der Anlage setzt man möglichste Wohlfeilheit voraus, sondern auch in der Unterhaltung und beim Gebrauch. Je weiter entfernt voneinander die Stationen seil können, desto mehr erspart man an Stationsgebäuden, an den Maschinen selbst und an dem bedienenden Personale. Da man zugleich auch mehrere Kopierungen spart, so wird dadurch auch der Flug der Nachrichten weniger aufgehalten, und manche unwillkürliche Irrung vermieden. Natürlich geht die Versendung einer Depesche auch desto schleuniger vor sich und die Spedition ist desto wohlfeiler, mit je weniger Zeichen man sie darstellen kann.

Weil die Telegrafie für das Gesicht, sowohl bei Tage, als bei Nacht, die beste und vorzüglichste ist, so fand diese auch nur allein die wahre praktische Anwendung. Das Licht pflanzt sich nicht bloß, wie wir wissen, sehr schnell fort, sondern es trägt die Bilder von den telegrafischen Zeichen auch unverfälscht auf die großen Weiten hin. Solche Bilder sind unendlicher Verschiedenheiten fähig, haben Dauer, lassen sich leicht erkennen und gut miteinander vergleichen. Die durch den Schall hervorgebrachten Zeichen pflanzen sich, mit der Geschwindigkeit des Lichts verglichen, äußerst langsam fort, nämlich in einer Sekunde Zeit nur durch 343 m, während das Licht in derselben Zeit durch 300 000 km sich fortbewegen kann. Auch verliert sich der Schall viel früher, und hat nicht die erforderliche Mannigfaltigkeit; und wenn mehrere Arten von Schall zu gleicher Zeit erregt werden, so kann man sie nur schwer voneinander unterscheiden. Das auf irgendeinem undurchsichtigen Körper befindliche Licht reflektiert auch von selbst, während die Luft erst, zur Fortpflanzung des Schalls, durch eigene künstliche Werkzeuge (Schallröhren u. dgl.) erschüttert werden müsste. Daher ist auch die Telegrafie fürs Ohr nie recht zur Anwendung gekommen.

Die einzige Unannehmlichkeit bei der Telegrafie für das Auge (der wirklich gebräuchlichen Telegrafie) ist die, dass sie zuweilen durch dicke nasse Nebel, welche die Luft undurchsichtig machen, sowie durch Regen, auf einige Zeit unterbrochen wird. Dicke Nebel halten selten einen halben Tag an und große Regen dauern selten über einige Tage. Einen solchen Zeitraum müsste man dann freilich für die telegrafischen Depeschen erst abwarten, was die meiste Zeit wohl angeht, zuweilen aber auch sehr unangenehm sein kann. Indessen hat man auch Beispiele, dass der sogenannte Höhenrauch (Erdrauch, trockene Nebel) wochen-, ja monatelang die Luft verfinstert, und dass in manchen nassen Jahren auch der Regen wochenlang anhält. Auf solche Fälle, wenn sie auch nur selten vorkommen, muss freilich die telegrafische Anstalt stets gefasst sein. Es ist nun einmal nichts vollkommen in der Welt.

Was eine Telegrafie für das Ohr betrifft, so kann man sich allerdings sehr lange enge Röhren denken, die einen starken Schall weit fortzupflanzen vermöchten. Aber wie kostspielig und beschwerlich wäre eine solche, viele Meilen lange Röhrenleitung, sie möchte von Station zu Station unter der Erde oder auf Böcken und sonstigen Unterlagen über der Erde fortgehen! Und wie leicht könnte Bosheit oder Mutwille daran etwas beschädigen, so dass sie gerade zur Zeit des Gebrauchs untauglich wäre! Lichtzeichen hingegen vermag niemand im hohen freien Flug aufzuhalten.

Am deutlichsten und sichersten wahrzunehmen sind die durch fortströmendes Licht dargestellten Zeichen in ihrer verschiedener Gestalt und Lage, weniger gut und sicher in ihrer Farbe. Die Gestalten können unendlich verschieden, die Lagen sehr vielfach verschieden sein. Indessen sucht man recht große Flächen so viel wie möglich zu vermeiden, teils weil sie zu viel Material und zu vielen Platz erfordern, teils, weil sie von Stürmen zu viel auszustehen haben, teils, weil sie schwer und nur langsam zu bewegen sind.

Die Figuren, welche der Telegraf darstellt, malen sich am deutlichsten auf dem Grund des Himmels; denn hier stechen das Dunkle und Helle am deutlichsten ab. Eben deswegen müssen auch die Telegrafenwarten so angelegt werden, dass die schreibende Maschine für die Augen der diesseitigen und jenseitigen Beobachter über den dunkeln Horizont emporragt.

Unter gleichen übrigen Umständen sind die Gestalten erkennbarer, wenn sie aus wenigen Teilen bestehen, wenn alle ihre Teile gut ins Auge fallen, wenn sie abgesondert voneinander erscheinen, und wenn ihre Begrenzungslinien gerade, ohne Spitzen und Schnörkel sind. Das Auge muss nicht viel zu bemerken und zu beobachten haben, und auch das wenige selbst darf man nicht zu lange suchen müssen.

Je weniger Figuren man hat, desto leichter sind dieselben zu erkennen und voneinander zu unterscheiden; desto weniger ermüdend ist dann auch ihre Beobachtung. Erkennt und unterscheidet maß die Figuren leicht, so ist auch die Fernschreiberei weniger mühevoll; man irrt nicht so leicht und geht sicherer, auch in Hinsicht der unwillkürlichen Verfälschung. Aber mit gar zu wenigen Figuren ist auch nichts anzufangen, weil man dann wieder zu gar zu langen Kombinationen seine Zuflucht nehmen muss, wodurch wieder Zeitverlust entsteht und zu Irrungen Anlass gegeben wird. Allerdings kommt die Kombinationsmethode dem Sinne und dem Gedächtnis außerordentlich zustatten. Das sehen wir schon an unserer Sprache; wir können diese ja in ihrem weitläufigen Gebiet mit 26 Buchstaben ausdrücken.

Sollen die Telegrafen-Vorrichtungen zur Erleichterung und Sicherung des Verkehrs und der Verbindung entfernter Gegenden dienen, folglich Anstalten für das gesamte Publikum sein, so müssen sie auch alles, was schreibbar ist und zu schreiben verlangt werden kann, zu schreiben vermögen, und zwar wörtlich, in ganzen Sätzen oder Ziffern; und die möglichst kürzeste Zeit muss darauf hingehen. Jede geheime Nachricht muss bei ihnen vor boshaftem Verrat sowie vor fremder Auslegung und Entzifferung, gesichert sein. Geheimnis muss alles bleiben, was der Anstalt als Geheimnis anvertraut wird. Für den Staat sind die Telegrafen bisher am meisten benutzt worden. Kann eine Regierung in wenigen Minuten Nachrichten aus den entferntesten Provinzen erhalten, und sogleich wieder Nachrichten dorthin senden, so kann dadurch mancher Vorteil erlangt, manchen Übeln und mancher Gefahr vorgebeugt werden, z. B., wenn in einer entfernten Provinz ein Aufruhr entstände, oder von einem benachbarten Land her eine Gefahr drohte etc. Und könnte man auch von einer Handelsstadt zur anderen Privatnachrichten an Bankiers, Kaufleute und Fabrikanten senden, so würde dies oft zum Vorteil des Handels und der Industrie geschehen, es würde dann manche Spekulation mit einem glücklichen Erfolg gekrönt werden. In England besteht schon eine Telegrafenlinie zum Privatdienst für Handelsleute, auf eine Strecke von 116 km. In Frankreich fing man vor 1½ Jahren an, zwischen Paris und Havre eine kommerzielle Telegrafenlinie zu errichten. So scheint die Rolle, welche schon jetzt die Telegrafen spielen, mit der Zeit immer bedeutender zu werden.

M. Geitel

Der optische Telegraf von Claude Chappe

DIE WELT DER TECHNIK • 1906

In einer Zeit, wo wir mit Hilfe der drahtlosen Telegrafie im Stande sind, dem dahineilenden Eisenbahnzug Telegramme nachzusenden, um mit dessen Insassen in stetem Gedankenaustausch zu bleiben, und wo auf den großen transatlantischen Dampfern der Hamburg-Amerika-Linie allmorgendlich eine Zeitung erscheint, deren Inhalt dem Schiff auf die hohe See hinaus nachgesandt wurde, da bereitet uns ein Rückblick auf die ersten Anfänge einer mit praktischem Erfolg durchgeführten Telegrafie ein besonderes Interesse. Wir folgen hierbei dem im Jahr 1888 erschienenen Werk Bellocs ›*La Télégraphie historique*‹, dessen Verfasser in seiner Eigenschaft als *Inspecteur du contrôle* der Generaldirektion der französischen Post- und Telegrafie, ein ausgiebiges Material zur Verfügung stand. Der Schöpfer der Telegrafie im modernen Sinne ist der Franzose Claude Chappe, geboren im Jahr 1763 zu Brûlon, Departement Sarthe. Wohl waren bereits vor ihm optische Telegrafen in Benutzung genommen worden, aber eine regelrechte und sichere Übermittlung von Nachrichten auf größere Entfernungen datiert erst von dem Zeitpunkte ab, wo Chappe seinen hier dargestellten Telegrafen konstruierte und zu einer bisher nicht gekannten Vollkommenheit brachte.

Eine in das Reich der Fabel zu verweisende Erzählung besagt, dass Claude Chappe die Idee zu seinem System gefasst habe, um mit seinen Brüdern Nachrichten austauschen zu können. Schon frühzeitig aber trieb der junge Chappe, der sich dem Priesterstand widmen wollte, physikalische Studien und soll hierbei bereits versucht haben, den elektrischen Strom für die Zwecke der Nachrichten-Übermittlung zu benutzen, und zwar soll er hierbei in der Weise vorgegangen sein, dass er zwei genau in Einklang gebrachte Pendeluhren elektrisch miteinander verband und durch Übermittlung verschiedener Zeitintervalle eine gewisse Verständigung von zwei verschiedenen Orten aus anstrebte, jedoch ohne praktischen Erfolg. Chappe ging alsdann um so energischer an die weitere Ausbildung der optischen Telegrafie, und am 2. März 1791 gelang es ihm, zwischen Parcé und Brûlon, zwei im Departement Sarthe gelegenen 15 km von einander entfernten Orten, einige Redewendungen telegrafisch auszutauschen. Ein Versuch, den neuen Telegrafenapparat der Regierung in Paris vorzuführen, scheiterte an dem Unverstand des Pöbels, der nachts den Apparat zertrümmerte.

Abb. 15. Anwendung des Chappeschen Telegrafen bei der Belagerung von Condé. November 1794.

Nunmehr erbaute Chappe mit Hilfe des Ingenieurs Bréguet in Menilmontant einen neuen Apparat und verlieh ihm schon damals diejenige Form, die sich während eines halben Jahrhunderts bewährte, bis der elektromagnetische Telegraf seinen Siegeszug um die Erde antrat.

Das Wesen des Chappeschen Telegrafensystems bestand darin, dass zwischen den in eine telegrafische Verbindung zu setzenden Ortschaften auf Bergen oder Türmen der in *Abb. 15* dargestellte Apparat angebracht wurde. Die Zahl der mit diesem Apparate zu erzielenden Zeichen betrug etwa 70; mit Hilfe dieser Zeichen konnte man Buchstaben, Interpunktionszeichen und Zahlen nach einem gewissen verabredeten Schema darstellen, und falls das Wetter die erforderliche Fernsicht ermöglichte, mit großer Schnelligkeit über das Land dahinsenden. Auf jedem Turm war nach beiden Richtungen hin je ein großes Fernrohr in der Mauer fest verankert und auf den nächstgelegenen Apparat ein für alle Mal eingestellt. Die den Telegrafen bedienende Person hatte ihren Platz innerhalb des Turms in einem Zimmer und hatte vor sich einen kleineren, dem auf dem Dach des Turmes befindlichen genau entsprechenden Telegrafen. An diesem kleinen Apparat stellte der Telegrafist die verschiedenen Zeichen ein, und es fand dann durch entsprechend angebrachte Schnüre und Ketten die genau gleiche Bewegung der Arme des eigentlichen Telegrafen statt.

Die Aufstellung des ersten für den Chappeschen Telegrafen verwendeten Alphabets war im Wesentlichen das Werk eines Verwandten der Chappeschen Familie, des ehemaligen französischen Konsuls in Lissabon Léon Delaunay. Dieses Alphabet lehnte sich an die Chiffrierschrift der Diplomatie an und wurde im Jahr 1795 durch ein anderes ersetzt, das Chappe in Gemeinschaft mit seinen Brüdern Abraham und Ignaz ausgearbeitet hatte.

Am 22. März 1792 war Claude Chappe so weit vorgeschritten, dass er sein Telegrafen-System dem gesetzgebenden Körper vorlegen konnte. Die von dieser Körperschaft beschlossene Prüfung des Apparates musste unterbleiben, weil der Pöbel auch jenen neuen in Belleville aufgestellten Apparat zerstörte. Dieser Akt des Vandalismus und die damaligen politischen Ereignisse, verzögerten die Angelegenheit bis zum 1. April 1793, an welchem Tag das Mitglied des *Convents Romme* dem inzwischen an die Stelle der *Assemblée legislative* getretenen Convent über den Chappeschen Apparat Vortrag hielt und erreichte, dass unter dem 6. April 1793 eine aus den Conventsmitgliedern Lakanal, Daunou und Arbogast bestehende Kommission mit der näheren Prüfung betraut, und zugleich aus dem Kriegsfonds eine Summe von 6000 Francs bewilligt wurde. Von den drei Kommissionsmitgliedern legte nur Lakanal Verständnis für die große Sache an den Tag; die beiden andern waren direkte Gegner Chappes. Fast an der endgültigen Annahme seiner großen Idee verzweifelnd, baute Chappe die 35 km lange Telegrafenlinie Menilmontant, Ecouen, St. Martin aus und erwirkte, gewitzigt durch die bisherigen bösen Erfahrungen, ein Dekret des Convents, das diese Leitung unter den Schutz der Behörden stellte.

Am 12. Juli 1793 wurde in Gegenwart der Conventskommission und zahlreicher Gelehrten und politischer Größen die ersten Telegramme gewechselt. Um 4 Uhr 26 Minuten gab die Station St. Martin das Signal ›Activité‹; diesem Signal folgte alsbald folgende Depesche:

> *Daunou ist hier angekommen; Er verkündet, dass der National-Convent gerade sein Allgemeines Sicherheitskomitee ermächtigt hat, die Papiere der Volksvertreter zu siegeln.*

Diese Depesche legte die 35 km lange Strecke in 11 Minuten zurück. Die von der anderen Seite übermittelte Depesche, welche nur einen Zeitaufwand von 9 Minuten erforderte, lautete:

Von jetzt ab war die Zukunft Chappes und seiner Erfindung gesichert. Ersterer wurde mit einem Tagesgehalt von 5 Livres 10 Sous zum *Genieoffizier* ernannt. Auf Antrag Carnots wurde dann durch Dekret vom 4. August 1793 der Bau der Telegrafenlinien Paris – Lille und Paris – Landau ins Leben gerufen, wobei man in erster Linie die Verwertung des neuen Verkehrsmittels für die Zwecke der Landesverteidigung im Auge hatte. Und in der Tat wiesen die damaligen kriegerischen Ereignisse gebieterisch auf diese Art der Verwendung hin.

Die Zahl der errichteten Stationen belief sich auf 16; die erforderliche Summe betrug 166 240 Livres. Die behördliche Oberleitung erhielt Garnier, während die praktische Ausführung in den Händen der drei Gebrüder Chappe und Delaunays lag.

Die Schwierigkeiten, welche sich dem Bau der Telegrafenlinien entgegenstellten, waren überaus groß, da es infolge der kriegerischen Ereignisse an den nötigen Arbeitskräften und Materialien mangelte. Sie wurden jedoch durch die Energie Chappes und seiner Getreuen überwunden, und am 15. August 1794 übermittelte der Telegraf als erste Nachricht die Wiedereroberung von Quesnoy durch die französischen Truppen. Barére, welcher diese Botschaft dem Convent mitteilte, hob hierbei noch besonders hervor, dass diese Nachricht bereits eine Stunde nach der erfolgten Besetzung Quesnoys nach Paris gelangt war. Nach und nach wurde dann noch der Bau telegrafischer Linien bis Ostende und Brüssel, von Paris nach Straßburg und von Paris nach Brest und Lyon beschlossen.

Von besonderer Wichtigkeit erwies sich die Linie Paris – Straßburg während des Rastatter Kongresses. Sie wurde auf das energische Betreiben Bonapartes, der zu jener Zeit in den Vordergrund der politischen Handlung eingerückt war, innerhalb weniger Monate mit 46 Zwischenstationen errichtet; zwischen Straßburg nach Rastatt wurden die Depeschen durch Kuriere befördert.

In der Folgezeit hat sich dann der Chappesche Telegraf auf das Beste bewährt, sei es, dass er den Staatsstreich vom 18. Brumaire, sei es, dass er den napoleonischen Sieg bei Marengo dem französischen Volk kundgeben musste, oder dass er die französischen Generale zu gemeinsamen Handeln informierte.

Es mag überraschen, dass Bonaparte, als er sich zum Kaiser aufgeschwungen hatte, dem Telegrafenwesen nicht diejenige Aufmerksamkeit zuwandte, wie er dies zu Anfang seiner Laufbahn getan hatte. Dieses Verhalten Napoleons erklärt sich aber zur Genüge durch den Umstand, dass er seine sämtlichen Kriege, mit Ausnahme der allerletzten, außerhalb der französischen Grenzen zum Austrag brachte. Sobald ihm aber die Anwendung der Telegrafie geboten erschien, ließ Bonaparte es nicht an Aufträgen für Claude Chappe fehlen. Ein solcher

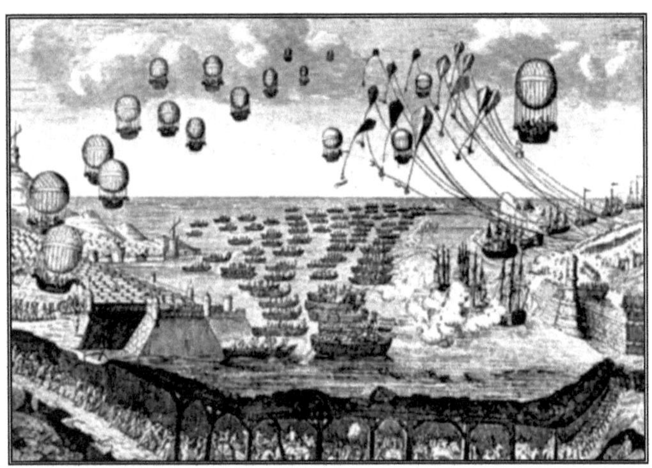

Abb. 16. Witzbild auf den von Napoleon I. geplanten Übergang nach England. Links sind die Chappeschen Telegrafentürme sichtbar.

erging im Jahre 1804, als Napoleon damit umging, in England mit einer großen Heeresmacht zu landen. Aus dieser Zeit stammt *Abb. 16*, welche erkennen lässt, welche Mittel, ernsthaft und scherzhaft aufzufassende, man ersann, um dem mächtigen Albion den Todesstoß zu versetzen.

Napoleon verlangte von Chappe die Aufstellung eines Plans für eine telegrafische Verbindung der französischen und der englischen Küste, und zwar sollte diese bei Tag wie bei Nacht gleich zuverlässig funktionieren. Chappe kam diesem Befehl nach, ohne denselben jedoch praktisch zur Anwendung bringen zu können, da Napoleon von seinem Plan abstehen musste.

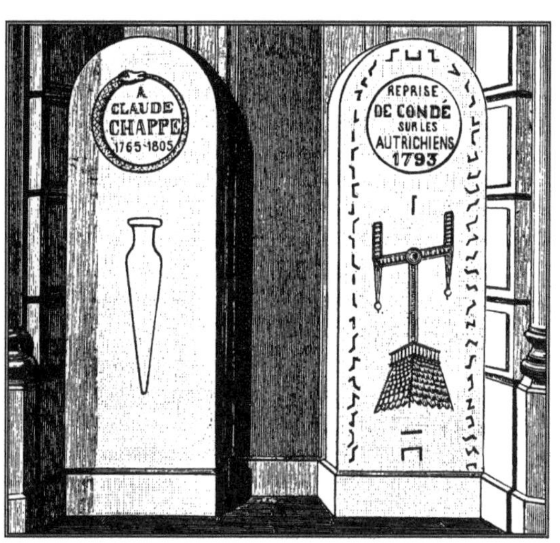

Abb. 17. Grabdenkmal Claude Chappes. Rechts sind die Chappeschen Zeichen sichtbar.

Die weitere Entwicklung seiner bahnbrechenden Erfindung sollte Chappe nicht erleben. Im Januar 1805 schied er freiwillig aus dem Leben, das ihm durch ein schmerzvolles Leiden zur Qual geworden war.

In dem Nachruf, den ihm der *Moniteur* widmete, hieß es treffend: *»Man sagt mit Recht, dass die Kunst des Signalisierens schon vor ihm bekannt war. Er aber hat das, was noch fehlte, geschaffen, indem er eine so einfache, so zielbewusste, so sichere und so allgemein angenommene Anwendungsart schuf, dass er als der Erfinder jener Kunst angesehen werden kann.«*

Das, was Claude Chappe so erfolgreich begonnen hatte, wurde von dessen Brüdern tatkräftig fortgesetzt. ❒

Abb. 18. Signalhäuschen der optischen Telegrafie in Preußen 1835.

Der optische Telegraf zwischen Berlin und Koblenz

ARCHIV FÜR POST UND TELEGRAPHIE • 1888

Abgesehen von der mit Hilfe einfacher Fackeln bewirkten Nachrichten-Übermittlung der alten Griechen, Perser und Römer, hatte zuerst der Engländer Robert Hook im Jahr 1684 verständliche Vorschläge zur Herstellung von Fernschreib-Maschinen gemacht. Dieselben sollten derart hergerichtet werden, dass drei lange, oben mit Querbalken versehene Stangen lotrecht aufgestellt wurden. Die eine Ecke dieses Gerüstes sollte mit einem dunklen Schirm versehen werden, um die Schriftzeichen beim Nichtgebrauch dahinter zu verbergen. Am Tag wären 24 aus gespaltenem Holz gefertigte Schriftzeichen, für die Nacht Fackeln zu verwenden gewesen; für einige ganze, gebräuchliche Sätze schlug Hook eine Zusammensetzung von Halbkreisen vor. Die mit Schnüren zu verknüpfenden Schriftzeichen sollten beim Gebrauch mit großer Geschwindigkeit aus ihrem Versteck hervorgezogen werden. Wenn solche Vorkehrungen in Entfernungen, in denen man die Schriftzeichen durch Teleskope deutlich wahrnehmen kann, auf Anhöhen zwischen Paris und London angebracht würden, so hätte man, wie Hook meinte, einen Buchstaben, welcher in London aufgehängt worden wäre, eine Minute nachher in Paris sehen können, wenn er ohne Zeitverlust von einer Station zur anderen fortgepflanzt wurde. Zur praktischen Ausführung ist diese Idee nicht gekommen.

Die Reihe der wirklich zur Verwendung gelangten Fernschreib-Maschinen eröffnete der von dem Ingenieur Chappe in Paris angegebene, im März 1791 im Detachement der Sarthe von ihm versuchte Telegraf. Derselbe bestand aus einem aus dem Dach des Stationshauses hervorragenden Mastbaum, welcher am oberen Ende einen um seine Mitte drehbaren Arm trug. An jedem Ende dieses Armes war je ein drehbarer Flügel angebracht. Der Arm wurde Regulator, die Flügel wurden Indikatoren genannt. Mit Hilfe einer vom Stationszimmer ausgehenden Rollen- und Schnurvorrichtung konnten Regulator und Indikatoren in jede beliebige Stellung gebracht werden. Chappe benutzte indes, um Unsicherheiten in der Zeichengebung zu vermeiden, nur vier verschiedene Stellungen des Regulators, nämlich eine horizontale, eine vertikale, eine 45° nach rechts und eine 45° nach links geneigte Lage desselben. Von den Stellungen der Indikatoren wurden gleichfalls nur die um 45° von einander abweichenden Stellungen, sowie diejenige benutzt, bei welcher die Flügel auf dem Arm aufliegen. Es konnten auf diese Weise 196 Zeichen dargestellt werden, von denen aber nur 92 benutzt wurden. Jedes Zeichen bedeutete eine Zahl, und je zwei Zeichen wiesen auf Seite und Zeile in einem Lexikon hin, welches die zu übermittelnden Worte usw. enthielt. Die Farbe, mit welcher Arm und Flügel gestrichen wurden, richtete sich nach dem Hintergrund, wie er sich dem Beobachter darstellte. Im Dachgeschoss des Stationsgebäudes befand sich der Raum für den mit dem Fernrohr beobachtenden Beamten und darunter das Zimmer für diejenigen Personen, welche die Maschine handhabten und schreiben ließen. Es wurden gute achromatische Fernrohre verwendet, welche ein großes Feld beherrschten und 50 – 60 Mal vergrößerten. Die Stationen waren 10 – 15 km voneinander entfernt.

Die erste Telegrafenlinie wurde unter Benutzung dieser Fernschreib-Maschinen zwischen Paris und Lille mit 22 Sta-

tionen errichtet. Ihr folgten sehr bald von Paris nach Straßburg, nach Calais, nach Brest, nach Toulon und nach Metz
führende Linien. Dr. J. H. M. Poppe sagt in seiner Beschreibung der Telegrafen[1] vom Jahr 1834: *»Als diese Telegrafen
in Gang gekommen waren, da bewiesen sie durch ihren Gebrauch bald die gerühmte Vortrefflichkeit, ihre Schnelligkeit
im Wortemachen und im Fortpflanzen dieser Worte. Das
Volk staunte, die Klugen bewunderten die glückliche, einfache Wirksamkeit, und jeder, der den Nutzen der Maschinen
einsah, rief dem Erfinder den dankbarsten Beifall zu.«* Wie
würde sich das Erstaunen des Volkes und die Bewunderung
der Klugen vom Ende des 18. Jahrhunderts gesteigert haben, wenn sie Gelegenheit gehabt hätten, die zauberhaften
Wirkungen des elektrischen Telegrafen und seines neuesten Zweiges, des Fernsprechers, in ihrer heutigen Vollkommenheit kennenzulernen! Sie würden sich, wie wir nach
Vorstehendem anzunehmen berechtigt sind, namentlich
über die Vorteile der ihrem Bedürfnis nach einem tunlichst
beschleunigten und möglichst unmittelbaren Nachrichtenaustausch zwischen räumlich getrennten Personen in hohem Maße Rechnung tragenden allgemeinen Fernsprech-
einrichtungen wohlwollender äußern und in den weiteren,
vorerst noch unerfüllbaren Anforderungen bescheidener
sein, als ein großer Teil des beteiligten heutigen Publikums,
welcher trotz aller Fortschritte der Elektrotechnik und un-
geachtet der Anstrengungen und des weitgehendsten Ent-
gegenkommens der verschiedenen Verkehrsverwaltungen
nur zu leicht geneigt ist, immer mehr und fast Unmögliches
zu verlangen.

Nächst Frankreich war es England, welches im Jahr 1796
gleichfalls zur Herrichtung optischer Telegrafenlinien

---

[1]) siehe Seite 7.

überging. Das daselbst nach den Angaben des Lord Murray zur Anwendung gebrachte System war jedoch erheblich mangelhafter als das französische. Der englische Telegraf bestand aus sechs achteckigen hölzernen Tafeln, deren jede auf einer Achse in einem Rahmen derart beweglich war, dass sie entweder senkrecht gestellt werden konnte und alsdann dem Beobachter auf der fernen Station in ihrer vollen Gestalt erschien, oder dass sie eine waagerechte Lage einnahm, in welcher sie dem Beobachter unsichtbar wurde. War die Maschine außer Arbeit, so lagen sämtliche Tafeln waagerecht. Kurz vor Beginn des Telegrafierens wurden sie hingegen sämtlich geschlossen. Die Rahmen, welche die Tafeln enthielten, waren mit einem starken Gerüst verbunden, welches über das Dach des Stationshauses hinausragte. Mittels dieser Maschine konnten trotz ihrer verwickelten Einrichtung nur 64 verschiedene Zeichen gegeben werden.

Auch in Schweden, Dänemark und Russland nahm man kurze Zeit darauf die Einrichtung ausgedehnterer Telegrafenanlagen in die Hand, wobei man sich mehr oder weniger an das Chappesche System anlehnte. In Deutschland hingegen verschaffte sich die neue Erfindung erst viel später Eingang; es war schließlich Preußen der erste deutsche Staat, welcher im Jahr 1832 dazu überging, aus der praktischen Anwendung der Fernschreibekunst Nutzen zu ziehen.

Im Jahr 1830 hatte der geheime Postrat Pistor in Berlin einen Vorschlag zur Errichtung einer Telegrafenlinie in den königlich preußischen Staaten an zuständiger Stelle eingereicht. Nachdem die unter dem Vorsitz des Generalleutnants v. Krauseneck, Chef des Generalstabes, eingesetzte Kommission ihr Gutachten über den Entwurf abgegeben hatte, wurde durch allerhöchste Kabinettsorder vom 21. Juli 1832 die Ausführung desselben bzw. die Errichtung einer Telegrafenlinie von Berlin bis Koblenz angeordnet. Der von

Pistor zur Benutzung empfohlene Telegraf war ursprünglich von dem Engländer Watson angegeben worden. Nach den von Pistor vorgenommenen Verbesserungen bestand dieser Telegraf aus einem etwa 6 m langen, lotrecht aus dem Stationsdach bzw. der Plattform desselben hervortretenden Balken, an dessen oberem Ende sechs hölzerne Arme von je 125 cm Länge und 40 cm Breite, an drei Stellen zu je zweien einander gegenüberstehend, befestigt waren. Jeder Arm enthielt eine Rolle, über welche eine Schnur geschlagen war, die über eine mit einer Kurbel verbundene Scheibe lief. Durch Umdrehung der Kurbel konnte der betreffende Arm in einer lotrechten Fläche auf- und niederbewegt werden. Derjenige Teil der Schnüre, welcher nicht an den Scheiben lag, bestand aus Draht. Die Arme waren gitterartig durchbrochen, um dem Winde geringere Angriffsflächen zu bieten. Die Rollen der Flügel saßen mit den letzteren auf ein und derselben Achse. Diese Achsen gingen durch den Mastbaum hindurch, so dass immer zwei zu einem Paar gehörige Arme an entgegengesetzten Seiten des Balkens bewegt wurden. Lässt man einen der sechs Flügel einen Halbkreis beschreiben, so kann derselbe in vier leicht voneinander unterscheidbare Stellungen zum Mastbaum gebracht werden, deren jede von der vorhergehenden um 45° verschieden ist; der Arm bildet mit dem Mastbaum Winkel von 0°, 45°, 90° und 135°. Nimmt der zweite Flügel für jede Stellung des ersten auch vier veränderte Lagen ein, so kann ein Flügelpaar zu 16 Zeichen benutzt werden. Schon mit Hilfe der beiden oberen Flügelpaare lassen sich hiernach $16 \times 16 = 256$ Zeichen darstellen, welche zum Übermitteln aller Worte mittels Buchstaben ausreichend sind; das dritte Flügelpaar hätte daher u. U. lediglich zur Wiedergabe von Zahlenzeichen dienen können. Die wechselbezügliche Tätigkeit ermöglichte, 16^3 oder 4096 verschiedene Stellungen anzuordnen.

Dieser Telegraf übertraf somit in der Mannigfaltigkeit der Ausführung deutlich unterscheidbarer Signale die vorher beschriebenen Maschinen in erheblichem Maße.

Der geheime Postrat Pistor hatte es übernommen, jede Station zu dem von den hinzugezogenen Sachverständigen für angemessen erachteten Preise von 650 Taler[1] mit dem sechsarmigen Watsonschen Telegrafen nebst Zubehör zu versehen; dabei hatte der Genannte sich anheischig gemacht, die Arbeiten für die zuerst in Angriff zu nehmende Linie bis Magdeburg innerhalb 4 – 5 Monaten zu vollenden.

Je nach den örtlichen, klimatischen und sonstigen Verhältnissen war in Aussicht genommen worden, bei der Ausführung der optischen Telegrafenlinie die Flügelgerüste auf besonders zu erbauenden oder anzumietenden Telegrafenhäusern bzw. auf den Dächern geeigneter Kirchen in einer Entfernung von durchschnittlich 1½ deutschen Meilen (11,3 km) aufzustellen. Unter besonders günstigen Umständen, so weit sich für die Telegrafenhäuser größere Anhöhen mit zwischenliegendem ebenen Terrain darboten, konnten die Entfernungen bis auf 2 Meilen ausgedehnt werden, während sie da, wo die zu beobachtenden Gerüste sich nicht gegen den freien Horizont abhoben, sondern einen festen Hintergrund hatten, auf etwa eine Meile verringert werden mussten.

Die geeigneten Stationspunkte waren durch den Major O'Etzel vom Großen Generalstab ausgemittelt und abgesteckt worden; von demselben wurde gleichzeitig unter Mitwirkung der betreffenden Landräte die Erwerbung des erforderlichen Grundes und Bodens usw. eingeleitet.

Für die Strecke Berlin – Magdeburg waren nach dem Vorschlag von Pistor die in England gebräuchlichen Telegra-

---

[1] Ein Taler im Zeitraum 1830 – 50 entspricht einer Kaufkraft von rund € 43 – 48 in 2023.

fenhäuser zum Muster genommen. Dieselben enthielten ein Beobachtungs- und Wohnzimmer von 4,4 m auf 5 m Seitenlänge und eine Kammer von 2,2 m auf 5 m Seitenlänge. Die Höhe beider Räume betrug 2,8 m; sie hatten, falls der Beobachter nicht anderweit untergebracht werden konnte, auch zum Nachtquartier für ihn und den zweiten Beamten zu dienen. Auf dem einen Ende des Daches war eine hölzerne, umgitterte Plattform hergerichtet, unter welcher sich das Beobachtungszimmer befand und über welche die Fernschreibmaschine hervorragte. Die erste Station dieser Strecke wurde auf der alten Sternwarte in Berlin, die zweite auf der Kirche zu Dahlem und die letzte auf dem östlichen Teile der Johanniskirche zu Magdeburg eingerichtet; im Ganzen umfasste die Linie 14 Stationen.

Den Bau der Telegrafenhäuser bewirkte von Berlin bis Brandenburg unter Oberleitung des Majors v. Hessenthal, Kommandeur der Garde-Pionier-Abteilung, der Leutnant Burchhard von derselben Abteilung, und weiterhin bis Magdeburg der Leutnant Lindner von der 3. Pionier-Abteilung unter Oberleitung des Ingenieur-Hauptmanns Heise. Mit den rasch fortschreitenden Herstellungsarbeiten wurden auch gleichzeitig die erforderlichen Telegrafisten, von denen zwei – ein Obertelegrafist und ein Untertelegrafist – für jede Station vorgesehen waren, in der Bedienung der Maschinen usw. ausgebildet, so dass die Linie bis Magdeburg bereits im November 1832 dem Betrieb übergeben werden konnte. Ober- und Untertelegrafist wurden übrigens nicht fest angestellt, sondern nur mit vierwöchiger Kündigung angenommen.

Es erwies sich sehr bald als ein Übelstand, dass die Telegrafisten, welche mit wenig Ausnahmen verheiratet waren, von ihren Familien getrennt leben mussten; letztere konnten bei der meist vereinsamten Lage der Stationen nicht selten erst 4 km weit von derselben ein Unterkommen finden, und auch dies war häufig nur mit Mühe und verhältnismäßig hohen Kosten zu erreichen. Auf den Vorschlag des Majors O'Etzel wurden daher auf der demnächst in Angriff genommenen Strecke Magdeburg – Koblenz überall da, wo die Entfernung der Stationen von den nächstgelegenen Orten mehr als ¼ Meile (1,9 km) betrug, größere, mit Familienwohnungen verbundene Stationshäuser angelegt; für die Wohnungen hatten die Telegrafisten den mäßigen Mietszins von 5 % ihres Einkommens zu entrichten. Ein Telegrafengebäude mit Wohnungen für zwei Telegrafisten-Familien kostete 1600 – 1700 Taler, ein solches Haus mit einer Familienwohnung und einem Unterkommen für einen unverheirateten Beamten 1300 – 1350 Taler, während für die auf der Strecke Berlin – Magdeburg errichteten Häuser durchschnittlich je 1100 Taler aufgewendet worden waren.

Die Linienstrecke Magdeburg – Koblenz mit 41 Stationen war im Herbst 1833 beendet worden, so dass von dieser Zeit mit den Telegrafierversuchen begonnen werden konnte. Der weitere Ausbau der Häuser, namentlich auch für Wohnzwecke, ging erst im Herbst 1834 seiner Vollendung entgegen. Wir lassen nachstehend einen Auszug aus dem von dem Major O'Etzel am 21. November 1834 an den Generalleutnant v. Krauseneck erstatteten Bericht über die erfolgte Abnahme der gesamten Linie – so weit hierbei die technische Ausführung in Frage kommt – folgen.

Lage der Stationspunkte.
Die Lage der Stationen hat sich im Ganzen als zweckmäßig ausgewählt bewährt.

Der nachteilige Einfluss des Flimmerns der Luft, welches in den flachen Gegenden bei der Mittagshitze die Zeichen undeutlich macht, ist durch Erhöhung der Beobachtungslo-

kale auf Station 5 und 6 zwar nicht ganz aufgehoben, doch sehr gemildert. Derselbe Übelstand findet in geringerem Grad als bei den genannten noch bei Station 8 und bei Station 15 statt, und es ist wünschenswert, dass dort nach und nach, vielleicht bei Gelegenheit von Instandsetzungen, eine ähnliche Erhöhung vorgenommen werde. Schon in meinen früheren Berichten habe ich erwähnt, dass den Stationen 23, 24 und 25 ungewöhnlich große Entfernungen voneinander gegeben wurden, um den Versuch zu machen, hier zwei Stationen zu ersparen. Obgleich aus den Dienstjournalen hervorgeht, dass hier die Korrespondenz häufiger liegenbleibt, als auf anderen Stationen, so halte ich es doch für Pflicht, erst durch Beobachtung fest überzeugt zu sein, dass zwischengelegte Stationen den Übelstand aufheben würden. Ich habe deshalb schon früher auf denjenigen Punkten, wohin die Zwischenstationen gestellt werden mussten, Signale errichtet und lasse dieselben stündlich von den benachbarten Telegrafen aus beobachten. Im künftigen Frühjahr werden die darüber zwei Winter und einen Sommer hindurch geführten Register einen ganz sicheren Anhalt in dieser Beziehung geben.

Mit Eintritt des Gebrauchs der Linie hat sich auch die Ausführung der Station 61 in Koblenz[1] unumgänglich notwendig erwiesen, da die Entfernung der Station 60 auf dem Bergrücken von Ehrenbreitstein für die Annahme und Abgabe von Depeschen als Hauptexpedition am Ende der Linie zu groß war, indem – selbst bei bestehender Kommunikation über den Rhein – Stunden hierüber vergingen. Bei abgebrochener Brücke aber wurde der Zeitverlust so groß, dass im Winter oft die einzige günstige Zeit des kurzen Tages für das Telegrafieren verstreichen musste, bevor eine Depesche abge-

---

[1] Es war nach dem ursprünglichen Plan in Aussicht genommen, die Linie bei Station 60 enden zu lassen.

geben werden konnte. Demnach ist die Station 61, zu welcher die Maschinen schon von der Abänderung der Station 5 und 6 her vorhanden waren, auf dem Schloss von Koblenz eingerichtet und mit einem Expeditionsbüro unmittelbar verbunden worden.

Ausrüstung.

Die Maschinen halten sich fortwährend gut und bewähren die Zweckmäßigkeit ihrer Konstruktion und Ausführung.

Bei den Fernrohren sind anfangs, durch die Ungewohnheit der Leute damit umzugehen, einige Beschädigungen vorgefallen. Der während der Ausbesserung derselben stattgefundene Mangel hat die Notwendigkeit einiger Reservefernrohre gezeigt; es war deshalb nicht zu umgehen, sechs dergleichen zu beschaffen und sie in den Inspektionen zu verteilen.

Obgleich die Maschinen den heftigsten Stürmen widerstanden haben, so ist doch der Fall möglich, dass durch besondere Unglücksfälle, als Feuer u. dgl., eine Station plötzlich ganz unbrauchbar würde. Für solche Fälle wäre es wünschenswert, dass vollständige Reservemaschinen (etwa wie in Frankreich für jede Station eine) nach und nach, vielleicht aus den Ersparnissen des Reparaturfonds, beschafft würden.

Auf Veranlassung des Kriegsministeriums wurde demnächst eine kartographische Übersicht der Telegrafenlinie zwischen Berlin und Koblenz nebst statistischer Übersicht angefertigt, aus welcher die geografische Lage der einzelnen, fortlaufend nummerierten Stationsstellen, ihre Entfernung voneinander, sowie ihre Zugehörigkeit zu den betreffenden Inspektions- und Ober-Inspektionsbezirken ersehen werden konnte. Die *Abb. 19* zeigt diese aus dem Jahr 1835 herrührenden Karte.

Durch allerhöchste Kabinettsorder vom 4. Februar 1835 wurde der Major O'Etzel zum Telegrafendirektor ernannt; außerdem wurden immer je 8–9 Stationen zu einer Inspektion, mit je einem Inspektor an der Spitze, vereinigt. Die Inspektoren in Berlin und Koblenz erhielten kurz darauf die Amtsbezeichnung Ober-Inspektor und hatten als Zwischenbehörde zwischen den übrigen Inspektionen und der Direktion zu fungieren.

Der Telegraf diente ausschließlich zur Übermittlung von Staatsdepeschen. Ein Antrag der Ältesten der Berliner Kaufmannschaft, betreffend die Beförderung von Börsenkursen usw. und die Veröffentlichung solcher Nachrichten, war durch allerhöchste Kabinettsorder vom 15. April 1835 abgelehnt worden. Gleich vom Beginn der Dienstleistung der Telegrafie hatte übrigens schon der Befehl bestanden, dass nichts über die Kurse irgendwelcher Staatspapiere berichtet werden sollte. Sonstige für die Allgemeinheit bzw. für den Handelsstand wichtige Nachrichten, wie Meldungen über politische Begebenheiten, Ministerveränderungen, Regentenwechsel usw., wurden, nachdem sie der Prüfung der zuständigen Minister der auswärtigen Angelegenheiten, des Krieges oder der Polizei unterlegen hatten, durch die Staatszeitung zur öffentlichen Kenntnis gebracht. Hierbei waren Vorkehrungen getroffen, welche die vorzeitige Kenntnis dieser Nachrichten durch einzelne Personen zum Nachteil anderer Beteiligten gänzlich ausschlossen.

Zunächst waren nur in Berlin und Koblenz, also an beiden Endpunkten der Linie, besondere Expeditions-Büros eingerichtet worden. Bei diesen wurden die Depeschen von den korrespondierenden Behörden entweder in Worten oder bei größerer Wichtigkeit in Chiffren zur Beförderung abgegeben. Die ersteren mussten nach einem den Zwischenstationen nicht zugänglichen Wörterbuch chiffriert und bei der Endexpedition wieder in offene Sprache umgesetzt werden. Unter Umständen wurden die Telegramme gleichzeitig mit der Post oder durch Estafette weiterbefördert, in welchem Fall von der Expedition die hierzu erforderlichen Doppel ausgefertigt werden mussten. Diese Geschäfte versahen hierzu ausgewählte, besonders vereidigte Beamte. Gewöhnlich waren sie dem Expeditionsvorsteher selbst, einem Inspektor, übertragen, welchem der Ober-

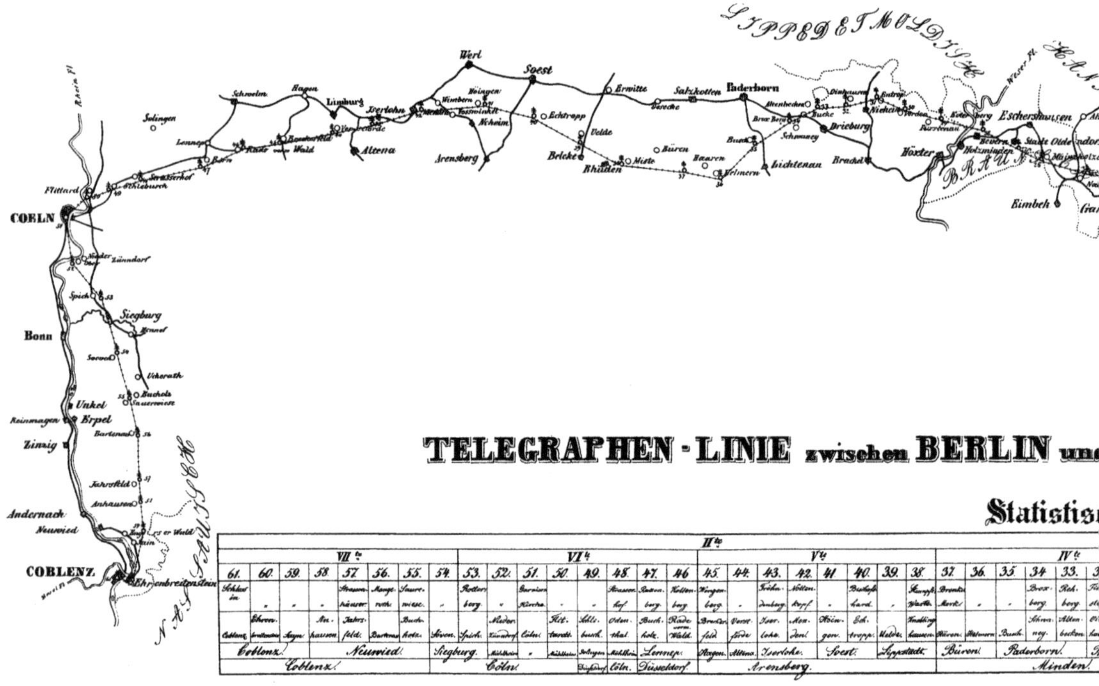

Abb. 19   Telegrafist der betreffenden Station als Assistent bzw. Vertreter zur Seite stand. Letzterem war in dieser Beziehung das Verhältnis eines fest angestellten Beamten bewilligt worden.

Wie sich der Betrieb der optischen Telegrafenlinie fortgesetzt gestaltete, geht am besten aus dem von dem Telegrafendirektor erstatteten Jahresbericht für 1835 hervor. Derselbe

60

spricht sich hinsichtlich der Lage der Stationen in teilweiser Übereinstimmung mit den Ausführungen des oben erwähnten Abnahmeberichts dahin aus, dass es zweckmäßig sei, die Stationen 8, 9 und 15 zu erhöhen, weil bei Sommerhitze die Sonne ein Flimmern hervorbringe, welches die Zeichen undeutlich mache. In etwas höheren Regionen sei dieser Einfluss geringer. Die Erfahrungen haben ferner gezeigt, dass die bereits früher zur Sprache gebrachten, unge-

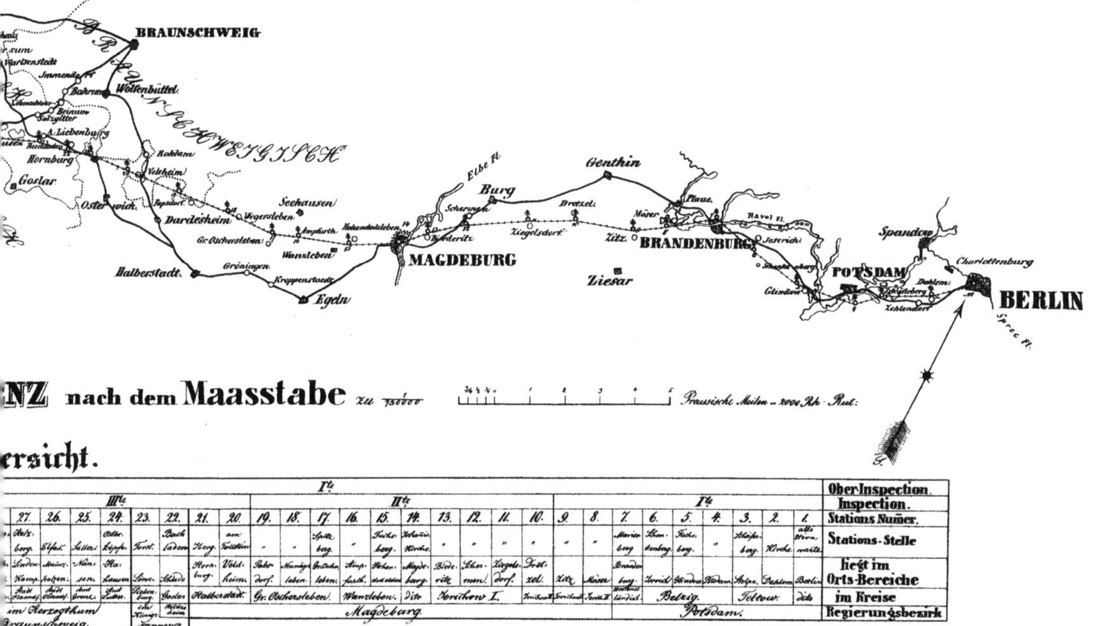

wöhnlich großen Entfernungen zwischen den Stationen 23, 24 und 25 bei der sonstigen guten Lage dieser Stationen auf hohen, durch tiefe Täler getrennten Bergen unter günstigen Umständen keinen erheblichen Nachteil bringen. Dieser trete aber hervor, sobald die Durchsichtigkeit der Atmosphäre etwas geringer werde. Es sei anzunehmen, dass die Hälfte der Unterbrechungen der Korrespondenz wegfallen würde, wenn wenigstens zwischen den Stationen 24 und 25 noch eine neue Station zur Einrichtung gelange.

Bezüglich der Maschinen und des Expeditionswesens finden sich in dem Jahresbericht folgende Angaben:

Die Maschinen bewähren sich als höchst zweckmäßig und dauerhaft. Für die Drahtseile als denjenigen Teil, welcher sich am meisten abnutzt, hat der Ober-Inspektor, Hauptmann Crüsemann, eine neue Vorrichtung erfunden, welche sich als sehr praktisch und haltbar ausweist, ohne größere Kostenaufwendungen zu erfordern. Nach dieser Art werden die alten Drahtseile nach und nach, sowie sie abgehen, ersetzt, wodurch eine wesentliche Verbesserung herbeigeführt wird.

Die Expedition in Berlin ist dem Wesen nach eingerichtet und in Tätigkeit, obgleich das Lokal der alten Sternwarte für die Büros der Telegrafie noch nicht überwiesen ist. Um dem Zeitverlust und anderen Inkonvenienten, welche aus den Entfernungen der verschiedenen Geschäftslokale voneinander entstehen mussten, möglichst zu begegnen, benutze ich jetzt eine mir im Lauf des Jahres zufällig mietlos gewordene Wohnung zum Büro und habe dasselbe durch einen kleinen, auf meinem Haus angebrachten Telegrafen mit der Station in Verbindung gesetzt. Es ist mir jedoch sehr wünschenswert, dass die Überweisung der nötigen Lokalität sich wenigstens so bewirken lässt, dass im nächsten Sommer die bauliche Einrichtung auf der Sternwarte getroffen werden kann, um den Ausfall an Mieteinnahmen nicht auf die Dauer erleiden zu müssen.

Die Expedition in Koblenz ist ganz eingerichtet und im Gange. Dieser Endpunkt der Linie ist der gelegenste für die Korrespondenz mit den Oberbehörden der Rheinprovinz und ganz geeignet, die Pariser Nachrichten über Saarbrücken zu erhalten, sei es, dass sie bis dorthin durch die Postge-

legenheiten oder bis Metz durch den französischen Telegrafen gelangen und in beiden Fällen von Saarbrücken direkt nach Koblenz durch Stafette geschickt werden. Beim Zusammentreffen günstiger Verhältnisse können Nachrichten auf diesem Weg in 30 Stunden von Paris nach Berlin kommen. Auch für die Depeschen aus Frankfurt a. M. und überhaupt vom Oberrhein ist Koblenz der geeignete Aufgabepunkt.

Anders verhält es sich dagegen mit den Depeschen aus London, dem Haag, Brüssel und vom ganzen Niederrhein. Diese müssen sämtlich mittels Post oder Stafette über Köln nach Koblenz gehen und von dort mittels Telegraf wieder über Köln zurück nach Berlin. Die Londoner Depeschen werden auf diesem Weg fast immer später nach Berlin kommen, als wenn sie von London direkt zu Dampfschiff nach Hamburg und von da mit Stafette nach Berlin gehen, wogegen sie, wenn sie gleich in Köln zum Telegrafen gegeben werden könnten, in der Regel um einen Tag früher ankommen würden. Die Depeschen, welche über Köln nach Koblenz zum Telegrafen gehen, erleiden einen bedeutenden Aufenthalt, so dass diejenigen, welche in den Vormittagsstunden durch Köln gehen und um Mittag schon in Berlin sein könnten, erst am Abend nach Koblenz kommen und frühestens am Morgen des folgenden Tages von dort abtelegrafiert werden können. Der Zeitverlust im Telegrafieren selbst, ob von Koblenz oder von Köln nach Berlin, ist zwar unter ganz günstigen Umständen nicht erheblich: da indessen von Koblenz aus 10 Stationen (also ein Sechstel der ganzen Linie) mehr zu durchlaufen sind, als von Köln aus, so vervielfältigen sich auch dadurch die Zufälligkeiten, welche störend auf das Telegrafieren einwirken, in dem Verhältnis von 5 zu 6. Alle diese Umstände zusammengenommen bewirken, dass die Depeschen, welche von Köln über Koblenz zum Telegrafieren befördert werden, im Durchschnitt wegen der dazwischen fallenden Nacht um *etwa 24 Stunden später nach Berlin kommen, als wenn sie direkt von Köln aus abtelegrafiert würden. Außer dieser Verzögerung tritt auch noch ein barer Geldaufwand durch die Stafettenkosten zwischen Köln und Koblenz ein.*

Diesen Übelständen würde zweckmassig durch die Einrichtung einer Telegrafenexpedition in Köln zu begegnen.

Die Einrichtung dieser für Köln vorgeschlagenen Expedition, sowie die beantragte Erhöhung der Stationen 8, 9 und 15 wurde hierauf noch im Jahr 1836 angeordnet, während die Einfügung einer weiteren Station zwischen den Stationen 24 und 25 erst im Jahr 1842 stattfand, nachdem sich hinsichtlich der Beförderung der Depeschen gelegentlich einer Anwesenheit des Königs in Koblenz erhebliche Unzuträglichkeiten herausgestellt hatten. Die Ausstattung einer derartigen Expedition war im Ganzen sehr einfach; an Büchern und Zeitungen bestand dieselbe im Wesentlichen aus einem Posthandbuch, einem Adressbuch, einer Rangliste und einem Militär-Wochenblatt. Der Expedition in Köln wurde außerdem noch eine französische Zeitung geliefert, deren etatmäßig angesetzte Abonnementsgebühr den für heutige Verhältnisse außergewöhnlich hohen Betrag von 32 Taler 20 Sgr. erreichte.

Die Kosten für Unterhaltung der optischen Telegrafenlinie wurden übrigens beim General-Militärkassen-Etat unter IVB eingestellt. Wir lassen die Ansätze des letzten dieser Etats, nämlich desjenigen von 1849, hier folgen:

I. Persönliche Ausgaben

Darunter:

a) für den Direktor, General-Major O'Etzel[1]
eine etatmäßige Zulage von (Das Gehalt
von 1900 Taler wurde bei einer anderen
Abteilung des Titels IV des Militär-Etats
verrechnet). . . . . 600 Taler

b) für 2 Bürobeamte und den Kanzleidiener
bei der Direktion . . . . 1 200 Taler

c) für 2 Ober-Inspektoren einschließlich der
Reisezulagen sowie für Schreibmaterialien
usw. je 1118 Taler . . . . 2 236 Taler

d) für 5 Inspektoren wie vor je 818 Taler . . .
4 090 Taler

e) für 5 Assistenten der Inspektoren je 300
Taler Gehalt und 100, 60 bzw. 50 Taler
Funktionszulage . . . . 1 910 Taler
ferner an Gehalt und Emolumenten der
auf Kündigung angestellten Beamten:

f) bei den 61 Stationen (in der Regel je 1
Ober- und 1 Unter-Telegrafist bei jeder
Station, sowie 2 Ober-Telegrafisten und
1 Unter-Telegrafist bei der Station Berlin
und 22 Reserve-Telegrafisten, welche bei
Erkrankungsfällen usw. der Beamten den
einzelnen Stationen überwiesen wurden)
zusammen 57 Ober- und 62 Unter-Telegrafisten (für jeden Ober-Telegrafisten 312
Taler, für jeden Unter-Telegrafisten 212
Taler und für jeden Reserve-Telegrafisten
144 bzw. 156 Taler) . . . . 33 606 Taler

---

[1] Im Jahr 1837 wurde O'Etzel zum Oberst, 1847 zum General-Major ernannt.

g) für 8 Boten bei den Expeditionen je 140
Taler . . . . 1 120 Taler
Hiervon gehen ab die Einnahmen an Woh-
nungsmiete mit 5 % des Gehalts sowie an
Beitrag zum Pensionsfonds der fest ange-
stellten Beamten . . . . − 1 396 Taler

Gesamtsumme der persönlichen Ausgaben   **43 366 Taler**

II. Sächliche Ausgaben

A. Reisegeldern (für eine Inspektionsreise des
Direktors, für Versetzungskosten der Beamten sowie für Dienstreisen der Reserve-
Telegrafisten) zur besonderen Verrechnung. . 750 Taler
B. Bürobedürfnisse
a) bei der Direktion einschließlich Chaussee-
geld und Porto. . . . . 630 Taler
b) bei den Expeditionen in Berlin, Koblenz und
Köln (einschließlich Bücher und Zeitungen . . 346 Taler
c) auf den Stationen (einschließlich des Öls
zum Schmieren der Maschinen) . . . . 2 623 Taler
C. Zur Unterhaltung der Gebäude, sowie der
Maschinen und Fernrohre. . . . . 5 635 Taler
D. Zu außergewöhnlichen Ausgaben . . . . 50 Taler

Gesamtsumme der sächlichen Ausgaben   **10 034 Taler**

Die Gesamtausgabe für Unterhaltung des optischen
Telegrafen stellte sich hiernach auf jährlich   **53 400 Taler**

Die Erwerbung des Grundes und Bodens für die Telegrafenstationen war zwar, wie bereits oben erwähnt, gleich bei
der Ausmittelung der Punkte und während des Baues, so
weit tunlich, bewirkt worden; doch lagen bei mehreren Stationspunkten Eigentumsverhältnisse vor, welche langwieri-

ge Abschätzungen und Verhandlungen notwendig machten. Die Schwierigkeiten, welche der endgültigen Regelung dieser Angelegenheit entgegenstanden, konnten durch die von den Ministerien des Inneren und der Finanzen mit diesen Geschäften beauftragten landrätlichen Behörden zum Teil nur mit großer Mühe beseitigt werden. So waren über die Erwerbung des Terrains von 19 Stationen die Verhandlungen noch im Jahr 1836 nicht zu Ende geführt. Andererseits hatten 11 Besitzer im Inland die erforderlichen Grundstücke bereitwillig unentgeltlich hergegeben. Von den ausländischen Stationen lagen im Königreich Hannover eine und im Herzogtum Braunschweig zwei auf herrschaftlichem Grund, welcher dort ebenfalls willfährig der kgl. preußischen Telegrafie zum Nießbrauch überlassen wurde. Bei der Auswahl der Punkte im Ausland und bei Gelegenheit der Erwerbung derselben haben sich übrigens, wie der Major O'Etzel in seinen Berichten hervorhebt, namentlich der hannoversche Hauptmann im Generalstab Georg Wilhelm Müller und der braunschweigische Oberförster von Unger besonders tätig erwiesen und das verwaltungsseitige Interesse eifrig wahrgenommen. Ohne Anspruch auf Entschädigung war ferner die Anbringung des Telegrafen auf dem Kirchturm des Dorfes Dahlem (dem Minister von Beyme gehörig) und auf dem Dach der städtischen Johanniskirche zu Magdeburg gestattet worden. Endlich hatte der Freiherr von Fürstenberg in Flittard mit großem Entgegenkommen das für die Station notwendige Terrain auf gutem Ackerland hergegeben und aus eigenem Antrieb noch ein Stück Land zum Garten für die Telegrafisten hinzugefügt.

Grundentschädigungen für einzelne Stationen und die unter Umständen nach denselben anzulegenden Fuß- und Fahrwege wurden einschließlich der Kosten des etwa erforderlichen Materials bis zur Höhe von 134 Taler gezahlt; hierzu kamen nicht selten Ersatzansprüche für die bei den Herstellungsarbeiten beschädigten Feldfrüchte usw. Im Weiteren waren kostspielige Durchhaue durch vorhandene Forste zur Sicherstellung der Gesichtslinie zwischen den Telegrafenstationen (wie in der Biederitz-Gerwischer Forst zwischen den Stationen 13, Biederitz, und 12, Schermen) nicht zu umgehen; der Nachwuchs des Holzes musste an solchen Stellen ebenfalls immer wieder beseitigt werden. Auch für die Berichtigung des Hypothekenwesens der Telegrafenstationen entstanden mannigfache Kosten. Zwischen den Stationen 41 und 42 wurde auf der Haar bei dem Dorf Delcke, Regierungsbezirk Arnsberg, von einem Eingesessenen ein Hausbau begonnen, welcher, wenn er vollendet worden wäre, das Telegrafieren zwischen diesen Stationen verhindert haben würde. Der Bau konnte von den Stationen aus nicht früher bemerkt werden, als das Gezimmer des von Fachwerk herzustellenden Hauses bereits gerichtet wurde. Da eine ausreichende Erhöhung der beiden Telegrafen nach Lage der in Betracht kommenden örtlichen und sonstigen Verhältnisse nicht tunlich war, hatte sich der Besitzer auf Betreiben der kgl. Regierung zu Arnsberg schließlich bereitfinden lassen, sein Haus gegen eine angemessene Entschädigung zu verlegen. Auch die auf dem erworbenen bzw. benutzten Terrain ruhenden Abgaben an geistliche Behörden waren in Berücksichtigung zu ziehen. So beanspruchte die Superintendentur zu Veltheim für den Grundraum der dortigen Telegrafenstation Nr. 20 die Zehnt-Entschädigung, welche in Ablösung des Naturalfrucht-Zehnten auf eine jährliche Rente von 13 Sgr. $2^{87}/_{100}$ Pf. amtlich festgestellt worden war. Die ganze Tilgung der Rente wurde schließlich durch Entrichtung des 25-fachen Betrages mit 11 Taler $11^{75}/_{100}$ Pf. bewirkt.

Bald nach Herstellung der optischen Telegrafenlinie wurden dem Kriegsministerium von verschiedenen Seiten

Erfindungen angeblich zweckmäßigerer Telegrafen-Maschinen – vom Oberlehrer Lambert in Wetzlar, Premierleutnant v. d. Lanken in Potsdam, von Alexander Müller in Berlin u. A. – angeboten, ohne dass indes bei den bezüglichen Prüfungen Vorzüge der vorgeschlagenen Neuerungen gegenüber den bestehenden Einrichtungen hätten erkannt werden können. Auch die vielfachen Vorschläge, welche zur Ermöglichung der Benutzung des optischen Telegrafen während der Nacht gemacht wurden, erwiesen sich als nicht brauchbar. So hatte der Leutnant a. D. Treutler in Hirschberg einen Tag- und Nachttelegrafen erfunden, in dessen bewegliche Arme kleine Spiegel mit einer solchen Neigung eingesetzt wurden, dass sie sämtlich das Licht einer an dem senkrechten Mast befindlichen Flamme nach der nächsten Station warfen, von welcher die Flügel in ihrer ganzen Ausdehnung erleuchtet gesehen werden konnten. Für die zwischen den einzelnen Stationen bestehenden Entfernungen bis zu zwei Meilen genügten diese Lichtwirkungen indes nicht; bei trübem und nebligem Wetter wäre auch schon bei erheblich kürzeren Zwischenräumen eine derartige Zeichenübermittlung während der Nacht unmöglich gewesen. Bei dem Staatstelegrafen konnte daher von dem Treutlerschen Vorschlag kein Gebrauch gemacht werden; hingegen hatte sich diese Einrichtung mehrfach zur Signalgebung bei den ersten Eisenbahnen Eingang verschafft. Von ebenso geringem Erfolg waren die Versuche begleitet gewesen, welche mit einer von dem Hauptmann Meyer in Spandau angegebenen Raketentelegrafie angestellt wurden. Meyer wollte hierzu Raketen verwenden, welche mit Stoffen zu weißem, rotem, blauem, grünem, violettem, gelbem und orangefarbenem Feuerstoff versehen waren. Die betreffenden Stoffe sollten, nachdem die Raketen den Gipfel ihres Steigens erreicht hatten, sich entzünden und – mit einem kleinen

Fallschirm versehen – sehr langsam niederfallen, so dass sie noch ziemlich hoch in der Luft völlig verbrennen konnten. Es war indes nicht möglich, die verschiedenen Farben selbst bei klaren Nächten auf mehr als 150 m genau zu unterscheiden; auf eine Entfernung von 9,4 km – zwischen der Telegrafenstation in Berlin und der Versuchsstelle auf der Spandauer Höhe – konnte das Abbrennen der Raketen überhaupt nicht mehr wahrgenommen werden.

Allen weiteren Versuchen zur Vervollkommnung der optischen Telegrafie bzw. zur Ermöglichung der Anwendung derselben auch während der Nacht bereitete die elektrische Telegrafie, welche sich namentlich seit der Erfindung des Morseschen Schreib-Telegrafen raschen Eingang in den Verkehr verschaffte, ein schnelles Ende. Im Jahr 1848 nahm Preußen die Ausführung der Telegrafenlinie Berlin-Köln mit elektrischem Betrieb in die Hand; die Linie wurde bereits im darauffolgenden Jahr für den öffentlichen Verkehr freigegeben. Hiermit hörte die Fernschreibekunst auf, ausschließlich als Verkehrsmittel für die Staatsverwaltungen zu dienen; sie war Gemeingut des Volkes geworden.

Erst in neuerer Zeit ist, wie schon anfangs bemerkt, die durch den elektrischen Strom verdrängte optische Telegrafie – und zwar mit Hilfe des elektrischen Lichts – wieder in Aufnahme gekommen. So hat man dieselbe u. a. mehrfach für militärische Zwecke in den französischen Kolonien mit Vorteil zur Anwendung gebracht. Es leuchtet ein, dass der Nachrichtenaustausch durch optische Zeichengebung, welche keines Leitungsdrahtes bedarf und welche daher auch in dem Fall ohne Unterbrechung vor sich gehen kann, dass das Gebiet zwischen den Stationspunkten sich in feindlichem Besitz befindet, im Kriegsfall vom höchsten Nutzen sein kann. Hierzu kommt, dass die, Sicherheit in der Abgabe und der Aufnahme optischer Signale dadurch wesentlich erhöht werden kann, dass man, wie durch den französischen General Perrier erst ganz kürzlich vorgeschlagen wurde, den bezüglichen elektrischen Lichtapparat in geeigneter Weise mit einem kleinen Morse-Schreiber verbindet. Derselbe Mechanismus, welcher die Lichtzeichen hervorbringt, hat auch den Morseapparat der abgebenden Stelle in Bewegung zu setzen, so dass die betreffenden Zeichen auf dem Papierstreifen des letzteren festgehalten werden. Da die Empfangsstation die erhaltene Mitteilung zur Kontrolle zurückzugeben hat, so wird dieselbe auch von dem Schreibapparat dieser Stelle wiedergegeben. Irrtümer in der gegenseitigen Übermittlung der gewöhnlich sehr wichtigen militärischen Nachrichten erscheinen hiernach gänzlich ausgeschlossen. ❐

Abb. 20. Der optische Telegraf von Claude Chappe 1794.

Ober-Postrat Guido Sautter

Wann wurde die erste Telegrafenlinie in Deutschland erbaut?

ARCHIV FÜR POST UND TELEGRAPHIE • 1901

Die Antwort auf obige Frage lautet in der Regel dahin, dass die von der preußischen Regierung in den Jahren 1852/33 erbaute optische Staats-Telegrafenlinie Berlin – Köln – Koblenz die erste Telegrafenlinie Deutschlands gewesen sei. Der Verfasser wird in nachstehendem Aufsatz den urkundlichen Nachweis erbringen, dass bereits im Jahr 1813 eine auf Befehl des Kaisers Napoleon errichtete optische Staats-Telegrafenlinie zwischen Metz und Mainz im Betrieb gewesen ist. Betrachtet man das linke Rheinufer, obwohl es damals dem französischen Kaiserreich einverleibt war, auch für jene Zeit als deutsches Land, so ist obige Antwort nicht zutreffend. Hiervon abgesehen ist es aber auch nicht ausgeschlossen, dass die ›Fernschreibekunst‹, wie man die sinnreiche Erfindung des Franzosen Claude Chappe ehemals in Deutschland zu nennen pflegte, schon vor dem Ablauf des 18. Jahrhunderts auf dem linken Rheinufer, das zu jener Zeit wenigstens dem Namen nach noch zum Deutschen Reich gehörte, geübt worden ist. Es liegen Beweise dafür vor, dass seitens der französischen Verwaltungsbehörde im Rheinland im Jahre 1799 Vorbereitungen zur Einrichtung optischer Staats-Telegrafenlinien getroffen worden sind.

Das Verdienst, die Errichtung einer optischen Telegrafenlinie in Deutschland zuerst in Anregung gebracht zu haben, gebührt den für alle Fortschritte empfänglichen Bürgern unserer mächtigen Seehandelsstadt Hamburg.

Der Senator Günther war es, der am 30. Oktober 1794, genau 2½ Monate später, nachdem der Chappesche Telegraf durch die schnelle Beförderung der Nachricht über die Einnahme von le Quesnoy[1] an den französischen Convent seine Feuerprobe glänzend bestanden hatte, in der Deliberationsversammlung der ›Hamburgischen Gesellschaft zur Beförderung der Künste und nützlichen Gewerbe‹ den Antrag einbrachte, die Frage der ›Errichtung einer telegrafischen Korrespondenz zwischen Hamburg und Cuxhaven‹ zur schnellen Mitteilung wichtiger Schiffs- und Handelsnachrichten von und nach der Elbemündung zur Erörterung zu stellen.

Die Gesellschaft, von der Wichtigkeit eines solchen Beförderungsmittels für die Hamburger Börse durchdrungen, setzte zur Prüfung der Angelegenheit einen Ausschuss aus fünf Mitgliedern ein, deren Gutachten sich in den Verhandlungen und Schriften der Gesellschaft für die Jahre 1795 und 1796 niedergelegt finden. Da die Tatsache an sich wenig bekannt und in vielen Werken ganz unerwähnt geblieben ist, so möchten wir die im Laufe des Jahres 1795 erstatteten interessanten Gutachten über die Ausführbarkeit und

---

[1] Gautier, L'Oeuvre de Claude Chappe. Paris 1893. Der Verfasser führt den Nachweis, dass die gewöhnliche Annahme, die erste auf der Telegrafenlinie Lille – Paris beförderte Depesche habe die Einnahme von Condé gemeldet, unrichtig ist. Es war die am 28. Thermidor II (15. August 1794) beförderte Nachricht über die Eroberung von le Quesnoy, womit die erste optische Telegrafenlinie eingeweiht worden ist. Die Übergabe von Condé wurde am 30. August 1794 telegrafisch an den Convent gemeldet, erregte aber mehr Aufsehen, weil der Convent sich gerade in Sitzung befand, was bei Ankunft der Depesche von der Übergabe des Platzes le Quesnoy nicht der Fall war.

den Nutzen der vorgeschlagenen Telegrafenlinie im Auszug zur Kenntnis unserer Leser bringen. Geht doch aus ihnen hervor, mit welcher Zaghaftigkeit und Bedenklichkeit man an die neue Erfindung herantrat, deren Bedeutung selbst erleuchtete Köpfe viel zu gering schätzten.

1. Der erste Berichterstatter, Schiffskapitän C. G. D. Müller in Stade, spricht sich für die Errichtung der geplanten Telegrafenlinie aus, die nach seiner Ansicht über Stade auf hannoverschem Gebiete zu führen und mit 7, höchstens 8 Stationen auszustatten sein werde. Da es gleichgültig sei, ob Signale oder versiegelte Briefe durch ein Land geschickt werden, so besorge er wegen der erforderlichen Konzessionen keine Schwierigkeiten hannoverscherseits, zumal wenn es gestattet würde, dass auch die königliche Regierung zu Stade zum Behuf der Kommunikation mit dem Amt Ritzebüttel davon Gebrauch machen könne. Die Kosten der Herstellung der Linie nebst allem Zubehör (auch der Einrichtung zu Nachtsignalen) berechnet Müller auf 9600 Mark, die jährlichen Unterhaltungskosten auf höchstens 24 000 Mark. Doch meint er, dass die Betriebskosten sich dadurch herabmindern ließen, dass man gewissen Offizianten (z. B. den Tonnenlegern) die telegrafischen Geschäfte gegen eine mäßige Gehaltszulage als Nebenamt übertragen, ferner auch in dem Fall, wenn man die Beobachtungsposten nicht ständig, sondern nur zu bestimmten Zeiten, z. B. des Morgens 9 Uhr, des Mittags 2 Uhr usw., besetzen lassen würde.

In Bezug auf die Einträglichkeit der neuen Verbindung spricht sich der Berichterstatter dahin aus, dass es ohne Zweifel Fälle gebe, in denen eine um ein paar Stunden früher eintreffende Nachricht einer Assekuranz-Kompanie, einzelnen Handelshäusern, aber auch ›der ganzen ansehnlichen Börse‹ mehr wert sein könne, als die ganzen jährlichen Kosten der Telegrafie samt ihrer Einrichtung ausmachten. Auf solche außerordentliche Fälle könne man aber nicht rechnen. Wenn man annehme, dass von 600 einlaufenden und von ebenso viel ausgehenden Schiffen die telegrafischen Nachrichten den Reedern, Einladern und Assekuradeurs 2 Mark wert seien, so würde die hieraus erwachsene Einnahme von 2400 Mark immer erst den zehnten Teil der Jahreskosten decken. Welcher Ertrag durch Privatkorrespondenz aufkommen würde, entziehe sich jeder Berechnung.

Der Berichterstatter rät schließlich zu einem Versuch mit der Telegrafie im Großen zwischen dem Michaelisturm in Hamburg und der Schwinger Schanze, indem er sich bereiterklärt, die dadurch entstehenden Kosten zu tragen.

2. Der zweite Berichterstatter, Wasserbaudirektor Wortmann zu Cuxhaven, sieht den Plan mit sehr ungünstigen Augen an. Er hegt vor allem große Bedenken für die Wirksamkeit der Einrichtung wegen des häufigen Nebelwetters an der Nordseeküste und an den Ufern der Elbe. Zum Beweis führt er an, dass er ein Haus auf Hochsand am Elbe-Ufer, 2½ Meilen von seiner Wohnung entfernt, in den Monaten Dezember und Januar an 28 Tagen von 10 Uhr vormittags bis 2 Uhr nachmittags mit einem achromatischen Fernrohr infolge von Nebel, Dunst, Regen und Schnee nicht habe erblicken können. Unter den 28 Tagen hätten sich 12 befunden, an denen das Haus den ganzen Tag nicht sichtbar gewesen sei, in 2 oder 3 Fällen habe das Haus sogar zwei ganze Tage hintereinander nicht gesehen werden können. Auf Grund seiner sorgfältigen Beobachtungen gelangt er zu dem Ergebnis, dass der Telegraf an etwa 36 Tagen im Jahre, also während des zehnten Teiles des Jahres, wegen des ungünstigen Wetters seine Dienste nicht werde verrichten können. Unter Hinzurechnung derjenigen Fälle, in welchen, wie bei der Versendung von Dokumenten, Gesundheitspässen, gerichtlichen Protokollen usw. ohnehin ein Expressbote von Cuxhaven nach Hamburg abgefertigt werden müsse, der Telegraf also nicht zu verwerten sei, veranschlagt er die Ersparnis an Kosten für die Expressbeförderung bei Herstellung einer telegrafischen Verbindung auf 80 % der Kosten des bestehenden Expressdienstes.

Die Kosten der Einrichtung des Telegrafen schätzt er auf 16 200 Mark, die Betriebskosten: a) bei Tagesbetrieb mit Beschränkung auf gewisse Stunden auf 12 – 15 000 Mark; b) bei Hinzufügung des Nachtdienstes auf das Doppelte und c) bei immerwährender Korrespondenz ohne Beschränkung auf bestimmte Stunden sogar auf das Dreifache obiger Summe. Dabei ist Wortmann der Ansicht, dass eine größere Vollkommenheit der Telegrafeneinrichtung den größeren Kostenaufwand nicht ersetzen könne.

3. Ebenso wenig ermunternd lautete das Gutachten des dritten Berichterstatters, des Professors Büsch aus Hamburg, eines der Senioren der Gesellschaft, der sich dahin aussprach, dass die Kosten des Telegrafenbetriebs weit höher zu stehen kommen würden, als die Kosten des z. Z. zwischen Cuxhaven und Hamburg bestehenden Expressdienstes. Wenn man selbst auf jeden Tag des Jahres eine Expressfahrt rechne, was immerhin hoch veranschlagt sei, würden die Kosten der Expressbeförderung zum Satz von 24 Mark für jede Fahrt noch nicht 9000 Mark im Jahr betragen.

Dafür könnte nicht mehr als eine Telegrafenstation erbaut, und während des Jahres in Betrieb erhalten werden. Er berechne die Betriebskosten für die ganze Telegrafenanlage bei sechs Stationen auf 50 000 Mark jährlich.

Wenn die bürgerlichen Kollegien, deren Einwilligung hierzu erforderlich sei, vor dieser Ausgabe nicht zurückschreckten, dann empfehle er zur Herabminderung der Kosten a) den Verzicht auf einen nächtlichen Betrieb und b) die Einschränkung auf bestimmte Beobachtungsstunden, damit die Beobachtung des Telegrafen gegen mäßige Bezahlung an Handwerker, die ihr Handwerk im Haus treiben, wie Schmiede, Schuster, Schneider, Weber usw. als Nebengeschäft übertragen werden könne.

Für die Führung der Linie schlägt Professor Büsch das rechte dänische (holsteinische) Elbe-Ufer vor, *»weil man dänischerseits wahrscheinlich mehr Willfährigkeit erwarten könne, indem die Schifffahrt die Dänen mehr als die Hannoveraner interessiere«.* Auch verursachten die vom Schiffskapitän Müller (Gutachten Nr. 1) auf dem hannoverschen Elbe-Ufer vorgeschlagenen Stationen größere Winkel und eine Verlängerung der Gesichtslinie.

4. Das Gutachten des Kanal- und Elbe-Direktors Reinke in Hamburg hält die Einrichtung der telegrafischen Korrespondenz mit Cuxhaven für Kriegszeiten, *»in welchen der Aufwand großer Summen nicht sehr geachtet werde«,* wohl für nützlich, für gewöhnliche bürgerliche Geschäfte sei aber wegen der erforderlichen großen Kosten nach der dermaligen Beschaffenheit der Einrichtung schwerlich einigen Vorteil davon zu hoffen. Es würden vier Zwischenstationen – drei auf hannoverschem, eine auf dänischem Gebiet – zu errichten sein. Die einmaligen Anlagekosten würden 50 000 Mark, die Betriebskosten ebenso viel alljährlich betragen, so dass zur Deckung der letzteren die Zinsen eines Fonds von 1 000 000 Mark nötig sein würden. Und dabei werde die Verbindung bei regnerischem und nebeligem Wetter unbrauchbar sein.

5. Noch kürzer und dabei auch nicht ermunternd spricht sich der letzte Berichterstatter, Direktor Brodhagen in Hamburg, aus, der im Wesentlichen auf die hohen Kosten der Anlage hinweist und dazu rät, das Gutachten von verschiedenen Gelehrten, die sich mit der neuen Erfindung befasst hätten, einzuholen.

Der von der Gesellschaft bestimmte Referent, Dr. F. J. C. Meyer, Domherr zu Hamburg, betonte in seinem Vortrag, dass die sämtlichen Berichterstatter den mangelhaften Zustand der bestehenden Express-Verbindung zwischen Cuxhaven und Hamburg zu wenig ins Auge gefasst und nicht genug erwogen hätten, in welchem Maße diese Verbindung verbessert werden müsse, um dem Handel den gleichen Dienst zu leisten, den ihm die Telegrafie leisten könne. Gegenwärtig kämen die Schiffe von Cuxhaven aus sehr oft rascher die Elbe herauf, als das Boot mit den Expressen, der die Nachricht von der bevorstehenden Ankunft des betreffenden Schiffes bringen solle. Diese langsame Beförderung scheine zur Folge zu haben, dass man die Expressbotschaft mehr und mehr auf diejenigen Fälle beschränke, in denen die zu Cuxhaven angekommenen Schiffe des Ostwindes, der langen Nächte oder des Eises wegen an der Hinauffahrt nach Hamburg gehindert seien. Wollte man, dass der Expresse jedes Mal früher als das Schiff selbst in Hamburg eintreffe, dann müsste fast für jedes zu Cuxhaven angelangte Schiff sogleich ein Expressboot nach Hamburg abgehen. Dann könne man aber auf jährlich 27 – 36 000 Mark Kosten rechnen, ohne auch nur annähernd die Geschwindigkeit der telegrafischen Übermittlung zu erreichen. Der Telegraf werde die Botschaft von der Ankunft eines Schiffes fast allemal wenigstens um eine Börsenzeit früher, als das Schiff nach Hamburg gelange, liefern können, was für den Handel von höchstem Nutzen sein müsste.

Wie man aus diesen Darlegungen ersieht, waren die Ansichten über den Wert und die Kosten der geplanten Telegrafenlinie sehr geteilt, und es befindet sich unter den fünf Berichterstattern auch nicht einer, der ohne jedes Zaudern und Bedenken der sofortigen Einrichtung des Telegrafen das Wort reden mochte. Alle hegen mehr oder weniger Zweifel über die Beständigkeit und Wirksamkeit des neuen Verkehrsmittels und schrecken vor den hohen Anlage- und Betriebskosten zurück.

Nur der Referent, Domherr Dr. Meyer, bekennt sich als einen warmen, überzeugten Freund von Chappes Erfindung, über die er ein Jahr später, nachdem er im Sommer 1796 bei seiner Anwesenheit in Paris unter Chappes persönlicher Führung den optischen Telegrafen auf dem Louvre genau besichtigt hatte, am 28. Dezember 1796 in der Hamburgischen Gesellschaft einen lehrreichen Vortrag hielt. Die Schilderung, die Dr. Meyer von dem Betrieb auf der Telegrafenlinie Paris – Lille entwirft, ist deshalb besonders interessant, weil es sich um Beobachtungen eines Augenzeugen handelt, die wir selbst in französischen Werken nicht gefunden haben.

Es geht daraus hervor, dass Chappe bereits im Jahr 1796 seinen Telegrafenbetrieb zu einer hohen Vollkommenheit gebracht hatte. So ließ z. B. Chappe in Gegenwart seines Besuchers zu einer vorbestimmten Abendstunde vom Louvre aus bei der nächsten Station auf dem Montmartre und von dort aus nach Lille mit einem einzigen Zeichen fragen, ob bei der Armee etwas Neues vorgefallen sei. In demselben Augenblick als das Anfragezeichen durch einen Druck an dem Walzwerke, welcher die Maschine in die Stellung des Zeichens setzte, gegeben ward, beobachtete Dr. Meyer die an der Wand des Telegrafenkabinetts hängende Sekundenuhr. Mit dem 88ten Sekundenschlag kam die von dem Beobachter am Teleskop gerufene Antwort: *»Nein«* zurück!

Für das Kriegswesen hatte Chappe schon eine eigene telegrafische Zeichensprache zusammengestellt. Ein einziges Zeichen der Maschine umfasste einen ganzen Satz oder einen bestimmten Ausdruck. Wenn der Liller Telegraf folgende Nachricht nach Paris berichten wollte:

»Diesen Morgen um 5 Uhr«

»griff die Nordarmee«

»den zwölftausend Mann starken Feind an«

»und siegte«

»mit fünfhundert gemachten feindlichen Gefangenen«,

so waren für diese fünf Absätze im Ganzen nur fünf Zeichen nötig, die in der Zeit von zwei Minuten abgegeben werden konnten. Falls nun der Convent das gewöhnliche Ehrendekret der gesetzgebenden Versammlung mit den Worten erließ:

»Die siegende Armee fahre fort, sich um das Vaterland

wohl verdient zu machen«,

so geschah die Abtelegrafierung dieses Dekrets nach Lille durch ein einziges zu diesem Behuf angenommenes Zeichen, das *›signe d'honneur pour l'armée victorieuse‹*. Chappe sagte seinem Besucher, dass ein außerordentlicher Bericht, der etwa eine enggeschriebene halbe Seite umfasse, auf diese Weise in höchstens einer Viertelstunde von einem Telegrafen zum anderen übermittelt werde. Außer dieser Zeichensprache für Kriegszwecke bestand für geheim zu haltende Mitteilungen ein Ziffernsystem, wozu nur die beiden Aufseher des Pariser und des Liller Telegrafen den Schlüssel besahen, während die Zwischenstationen diese Zeichen, ohne ihre Bedeutung zu kennen, lediglich mechanisch weiterzugeben hatten.

So sehr auch die Beobachtungen des Vortragenden das Interesse der Versammlung erregten, so vermochten sie doch nicht, den von der Gesellschaft entworfenen Plan der Errichtung einer Telegrafenlinie zwischen Hamburg und Cuxhaven der Verwirklichung näher zu bringen. Die Gesellschaft selbst, der die Mittel zur Ausführung fehlten, musste sich darauf beschränken, den Plan dem Handelsstand von Hamburg vorzulegen und zur Beherzigung zu empfehlen, was durch Aufnahme der gesamten Verhandlungen und Gutachten in die Schriftensammlung der Gesellschaft geschah. Dabei behielt es dann aber auch sein Bewenden. Der Gedanke kam vollständig in Vergessenheit und es verstrichen 40 Jahre, bis ein Bürger von Altona – Schmidt – ihn wieder aufnahm und im Jahr 1856 mit Unterstützung von Hamburger und Altonaer Kaufleuten eine optische Telegrafenlinie zwischen Hamburg und Cuxhaven herstellte.

Rühmliche Erwähnung verdient übrigens, dass jenen Hamburger Bürgern, die schon vor dem Ablauf des 18. Jahrhunderts die Errichtung eines Telegrafen planten, gleich von vornherein der Gedanke vorschwebte, das neue Verkehrsmittel dem Privatverkehr unbeschränkt freizugeben: ein Zugeständnis, an das zu jener Zeit noch Niemand sonst zu denken wagte. Beförderte doch der im Frühjahr 1834 in Betrieb genommene preußische optische Staatstelegraf[1] nur Staatstelegramme! Auch nach seiner Ablösung durch den elektromagnetischen Telegrafen blieb das Publikum

---

[1] Mit welcher Schüchternheit der Wunsch nach Freigabe des Telegrafen an das Publikum sich damals äußerte, davon legt die im Jahr 1833 in Quedlinburg erschienene Schrift eines ungenannten Verfassers *Beschreibung der vorhandenen Telegrafen mit besonderer Berücksichtigung des preußischen Zeugnis ab.*
Der Verfasser sagt, nachdem er auf den großen Nutzen hingewiesen hat, der durch Zulassung telegrafischer Privatnachrichten dem Handel und der Industrie erwachsen würde: *»Ob dies aber tunlich sei, müssen wir völlig der Beurteilung unserer weisen Behörden überlassen, welche ja zur Hebung des Handels und der Gewerbe die größten Anstrengungen machen und auch die bedeutendsten Opfer nicht scheuen«.*

anfänglich von der Nachrichtenübermittlung ausgeschlossen, bis die Kabinettsorder vom 31. August 1849 auch hierin Wandel schuf.

Drei Jahre nach diesen leider fruchtlos verlaufenen Bemühungen in den Kreisen der Hamburger Kaufmannschaft geschehen in einer anderen Gegend Deutschlands Schritte zur Errichtung optischer Staatstelegrafenlinien. Lakanal, französischer Regierungskommissar zu Mainz, der dritte in der Reihe jener französischen Gewalthaber, die mit so unumschränkter Machtvollkommenheit das von den republikanischen Heeren eroberte deutsche Gebiet am linken Rheinufer verwalteten, gab den Willen kund, die Erfindung seines Landsmanns Chappe in das ihm unterstellte Verwaltungsgebiet zu verpflanzen. Das Interesse, welches Lakanal an der Ausbreitung der Telegrafie nahm, erklärt sich hauptsächlich daraus, dass gerade er es war, der als Conventsmitglied die Erfindung Chappes begutachtet und warm befürwortet und auf dessen Bericht der Convent am 26. Juli 1793 den Beschluss gefasst hatte, Telegrafen nach Chappeschem System herstellen zu lassen. Ohne die wirksame Unterstützung Lakanals, den Chappe als seinen größten Wohltäter verehrte, wäre der neuen Erfindung der Erfolg zweifellos versagt geblieben. Von diesen besonderen Beziehungen abgesehen, war der ehemalige Priester Lakanal, nebenbei ein republikanischer Hitzkopf und von grimmigem Hass gegen das Königtum beseelt, ein Mann, der sich als Mitglied des ›Ausschusses für den öffentlichen Unterricht‹ als ein warmer Freund der Wissenschaft und als ein Beschützer der wissenschaftlichen Sammlungen in jener wildbewegten Zeit große Verdienste erworben hatte. Von ihm war die Förderung einer nützlichen Erfindung, wie die des Telegrafen, ohnehin zu erwarten.

Das Rundschreiben Lakanals, worin er den Zentralverwaltungen der vier neuen Departements am linken Rheinufer (Roer, Rhein und Mosel, Saar und Donnersberg) seine Absicht, Telegrafenlinien zu errichten, mitteilte, hatte in deutscher Übersetzung folgenden Wortlaut:

Die Zentralverwaltung des Saar-Departements in Trier, deren Akten über diese Angelegenheit vorhanden sind, gab den Auftrag des Regierungskommissars unter dem 29. Vendémiaire VIII. (21. Oktober 1799) an den ›Direktor des Enregistrement und alle Lehrer‹ des ihr unterstellten Departements weiter. Vier Wochen später konnte der Direktor des ›Enregistrement und der Nationaldomainen‹ den erfolgreichen Vollzug des ihm erteilten Befehls melden. Sein Bericht lautet:

Trier, 25. Brumaire VIII. (16. November 1799). Der Direktor des Enregistrement und der Nationaldomainen an die Verwaltung des Departements.

Ich habe die Genugtuung, Euch, Bürger-Verwalter, die Auffindung von 6 bis 7 Fuß langen Fernröhren, die bisher zu astronomischen Beobachtungen gedient haben, anzuzeigen. Die Gläser haben 3 Zoll im Durchmesser und eine entsprechende Dicke. Die Fernrohre sind mir in löblichster Bereitwilligkeit durch die Abtei Steinfeld (Kanton Reifferscheid) zur Verfügung gestellt worden. Ich ersuche Euch, sie abholen zu lassen und dem Kommissar der Republik von dem Eifer dieser Mönche Kenntnis zu geben.

Gruß und Verbrüderung!
Le Lièvre.

Die Zentralverwaltung beeilte sich, unter dem 1. Frimaire VIII. (22. November 1799) an den Maire des Kantons Reifferscheid zu verfügen, er solle die Fernröhre abholen lassen und wohl verpackt nach Trier senden. Dem Regierungskommissar Lakanal berichtete die Zentralverwaltung, die aufgefundenen Fernrohre würden in der provisorischen Zentralschule zu Trier zu seiner Verfügung gehalten.

Leider sind weitere Aktenstücke über die Behandlung der Angelegenheit in den Präfekturakten der vier rheinischen Departements nicht ermittelt worden. Es muss daher dahin gestellt bleiben, ob die französische Verwaltung ihre Absicht, im Rheinland optische Staatstelegrafenlinien nach Chappeschem System zu erbauen, bereits zu Anfang des 19. Jahrhunderts verwirklicht hat, oder ob es damals bei den bloßen Vorbereitungen geblieben und der Plan, wie so manche andere zu jener Zeit beschlossene nützliche Maßregel, unter den kriegerischen Ereignissen und unter der Sorge um näher liegende Dinge fallengelassen worden ist. Man ist geneigt, das letztere anzunehmen, weil der Regierungskommissar Lakanal, von dem der Gedanke ausgegangen war, bereits am 29. November 1799 nach einer Tätigkeit von noch nicht vier Monaten von seinem Posten in Mainz abberufen wurde. Auffällig ist es auch, dass die in jener Zeit erschienenen Mainzer Zeitungen, die gewiss nicht verfehlt haben würden, einer so bedeutsamen Einrichtung wie die der Telegrafie Erwähnung zu tun, nicht das Geringste über die Angelegenheit berichten.

Im Jahr 1813 verschaffte der energische Wille des mächtigen Herrschers von Frankreich dem optischen Telegrafen im Rheinland Eingang. Am 13. März 1813 ordnete Napoleon die Herstellung einer Zweiglinie von Metz nach Mainz[1] an.

Metz stand als Zwischenstation der Linie Paris – Straßburg bereits mit Paris in telegrafischer Verbindung. Durch die Zweiglinie Metz – Mainz wurde mithin eine unmittelbare Verbindung zwischen Paris und Mainz, diesem wichtigen Stützpunkt der französischen Macht am Rhein, geschaffen. Natürlich waren militärische Gründe die Triebfeder zu dieser Maßregel. Napoleon wollte in dem bevorstehenden Ent-

---

[1] Mainz war im Frühjahr und Sommer des Jahres 1815 der Sammel- und Waffenplatz zahlreicher, für den Krieg in Deutschland bestimmter französischer Truppenkörper.

scheidungskampf die numerische Schwäche seiner Truppen durch die Schnelligkeit der taktischen Bewegungen ausgleichen. Dazu brauchte er das Hilfsmittel des Telegrafen.

Die Erbauung der neuen Zweiglinie, die mit größter Beschleunigung vonstattengehen sollte, ruhte in den Händen eines im Telegrafenwesen wohl erfahrenen Mannes, des Abraham Chappe, des jüngsten Bruders des Erfinders der optischen Telegrafen Claude Chappe, den Napoleon bereits im Jahr 1804, als er in Boulogne mit den Vorbereitungen zur Landung in England beschäftigt war, seines Vertrauens gewürdigt hatte, indem er ihm den Auftrag erteilte, Mittel und Wege zur Herstellung eines bei Tag und Nacht wirksamen telegrafischen Verkehrs zwischen den Küsten Frankreichs und Englands zu suchen. Mit der Verzichtleistung Napoleons auf den Plan der Landung in England entfiel auch für Chappe die Erledigung des ihm erteilten schwierigen Auftrags. Napoleon war indes auf Chappe aufmerksam geworden und berief ihn bereits im folgenden Jahr durch kaiserliches Dekret vom 14. Fructidor XIII (30. August 1805) in den Generalstab der Großen Armee. In dieser Stellung lag ihm die Übersetzung der ankommenden und abgehenden telegrafischen Depeschen des Kaisers, seines Vertreters und des Generalstabschefs ob. Während des russischen Feldzugs war Chappe dazu bestimmt, optische Feldtelegrafen einzurichten. Diesen erprobten Beamten betraute der Kaiser mit der Herstellung der ihm sehr am Herzen liegenden telegrafischen Verbindung Metz–Mainz. Welchen Wert Napoleon auf die Beschleunigung des Baues dieser Linie legte, darüber berichtet Edouard Gerspack in seinem Werk über die Entwickelung der optischen Telegrafie:

»Täglich fragte der Kaiser den Großmarschall des Palastes (Oberhofmeister) nach dem Stand der Arbeiten. Er ließ häu-

fig in der Angelegenheit an den Minister des Inneren schreiben. Nichts konnte ihm schnell genug gehen und er äußerte die größte Unzufriedenheit bei jeder neuen Verzögerung.

Die Telegrafenverwaltung konnte sich indes nicht mehr beeilen, als sie es tat; sie entfaltete eine bis dahin bei ihren Bauarbeiten unbekannte angestrengte Tätigkeit. Alles war am Werke. Die Maschinen für den optischen Signaldienst wurden in Paris verfertigt und mit der Post nach den Bestimmungsorten versandt.«

Den ersten uns vorliegenden urkundlichen Beweis für Chappes Tätigkeit beim Bau der neuen Telegrafenlinie bildet ein von ihm am 30. April 1813 von Metz aus an den Saar-Präfekten in Trier gerichtetes Schreiben, worin er diesem von den bevorstehenden Bauarbeiten im Gebiet des Saar-Departements Mitteilung machte, indem er zugleich einen Erlass des kaiserlichen Generaldirektors der Brücken und Wege, Staatsrats Grafen Molé, übersandte. Dieser Erlass lautete:

Paris, 31. März 1813. Herr Präfekt!
Herr A. Chappe, Generalinspektor der Telegrafenlinien, ist mit der Herstellung einer Telegrafenlinie von Metz nach Mainz beauftragt, deren Erbauung durch kaiserliches Dekret vom 13. d. M. angeordnet ist. Diese Linie soll mit größter Beschleunigung hergestellt werden: So lautet der Wille seiner Majestät. Ich ersuche Sie daher, den Herrn A. Chappe mit allen Ihnen zur Verfügung stehenden Mitteln zu unterstützen und die nötigen Maßregeln zu ergreifen, damit seinen Arbeiten kein Hindernis bereitet werde.
Ich habe die Ehre zu sein, Herr Präfekt,
usw. gez. Graf Molé.

Das Begleitschreiben Chappes hatte folgenden Wortlaut:

Metz, 30. April 1815.

Der Generalinspektor der Telegrafenlinien attachiert dem Generalstab der Großen Armee, an den Herrn Reichsbaron und Präfekten des Saar-Departements.

Mein Herr!

Der Brief des Herrn Grafen Molé, den ich die Ehre habe, zu übersenden, wird Ihnen Kenntnis davon geben, dass ich mit der Errichtung einer Telegrafenlinie von Metz nach Mainz beauftragt bin. Diese Anlage erheischt, dass die Telegrafen auf dem Grund und Boden verschiedener Gemeinden, von welchen ich die Liste hier beifüge, errichtet werden.

Wollten Sie die Güte haben, Herr Baron, hiervon die verschiedenen Unterpräfekten Ihres Departements zu benachrichtigen mit dem Auftrag, in kürzester Frist den Bürgermeistern der genannten Gemeinden Kenntnis zu geben, damit diese der Einrichtung der Telegrafen kein Hindernis in den Weg legen und mich dazu noch durch alle Mittel unterstützen, die in ihrer Macht stehen, wie z. B. die Requisition von Wagen und die Lieferung von Holz, was ich aber nicht verlange, ohne dafür Zahlung zu leisten.

Die Beschleunigung, die seine Majestät der Kaiser mir anbefohlen hat, hat mir nicht gestattet, auf die Feststellung der Positionen diejenige Sorgfalt zu verwenden, die diese Arbeit eigentlich erheischt. Ich werde daher wahrscheinlich genötigt sein, in ruhigerer Zeit neue Auskundungen vorzunehmen, die einige Änderungen der Linie verursachen werden.

Ich werde die Ehre haben, Ihnen davon Mitteilung zu machen und Sie zu bitten, die Unterpräfekten der Bezirke, wo die Telegrafen endgültig aufgestellt werden sollen, entsprechend zu verständigen.

Ich habe die Ehre zu sein, Herr Präfekt, Ihr ergebenster und gehorsamster Diener A. Chappe.

In einer Nachschrift bat Chappe den Saar-Präfekten, er möge verfügen, dass den beiden Beamten, die er zu einer jeden Telegrafenstation senden müsse, an den betreffenden Orten freies Quartier, jedoch ohne Beköstigung, gegeben werde.

Der Saar-Präfekt, dem das Schreiben des General-Telegrafeninspektors am 5. Mai 1813 zuging, beeilte sich, seinen Unterpräfekten in Saarbrücken und Birkenfeld die nötigen Weisungen zugehen zu lassen. Zur Wahrung seiner Verantwortlichkeit teilte er jedoch dem Grafen Molé in Paris mit, dass er seine Verfügung vom 31. März erst am 5. Mai durch Vermittlung des General-Telegrafeninspektors Chappe erhalten habe.

Ein gleiches Schreiben richtete Chappe an den Präfekten des Rhein- und Mosel-Departements in Koblenz.

Am 8. Mai 1815 traf Chappe in Saarbrücken ein, um mit der Errichtung der von ihm geplanten Signalstationen im Gebiet des Saar-Departements zu beginnen, woraus man schließen darf, dass die Linienstrecke auf lothringischem Gebiet im Mosel-Departement von Metz bis an die Saar zu jener Zeit bereits vollendet war. Der Unterpräfekt in Saarbrücken hatte zwar die Weisung des Präfekten in Trier in Bezug auf den dem General-Telegrafeninspektor zu leistenden Beistand noch nicht empfangen, als ihm aber dieser den Erlass des Grafen Molé vorlegte, wonach der Kaiser die schleunigste Herstellung der Telegrafenlinie Metz – Mainz befohlen hatte, zögerte er keinen Augenblick, Mannschaften und Fuhren zur Verfügung zu stellen und die Bürgermeister der betreffenden Gemeinden seines Bezirkes wegen Förderung der Telegrafen-Bauarbeiten sofort mit Anweisung zu versehen.

Die napoleonischen Präfekten und Unterpräfekten wussten zu gut, was für sie auf dem Spiele stand, wenn sie sich bei der Ausführung eines kaiserlichen Befehls, dazu noch eines vom militärischen Interesse eingegebenen, die geringste Säumigkeit zu Schulden kommen ließen.

Die Tatsache, dass der Unterpräfekt in Saarbrücken bei seinem Eintreffen daselbst noch ohne Instruktion war, gab dem General-Telegrafeninspektor Anlass, sich bei dem Präfekten in Trier zu beschweren. So schreibt Chappe:

Der Saar-Präfekt wies diese Vorwürfe kurz und energisch zurück. Er habe die Zuschrift Chappes aus Metz vom 30. April erst am 5. Mai erhalten und schon am nächsten Tage das Erforderliche verfügt. Seinerseits sei also gar nichts versäumt. Chappe hätte ihm eben früher Mitteilung machen und den Erlass des Grafen Molé vom 31. März nicht erst am 30. April übersenden sollen!

Über die Energie, mit der nunmehr seitens des General-Telegrafeninspektors die Arbeiten in Angriff genommen und durchgeführt wurden, enthält das Buch *Histoire administrative de la télégraphie aérienne en France* von Édouard Gerspach eine anschauliche Schilderung.

»Die Telegrafenverwaltung entsandte ihre besten Beamten an das Werk. Es traten aber dieselben Schwierigkeiten hervor, die den Bau der ersten französischen Telegrafenlinien ge-

hemmt hatten: Die Unternehmer waren säumig, die Lieferer verlangten Barzahlung, die Zahlungsanweisungen wurden mit Verzögerung ausgeführt. Jedermann in der Verwaltung begriff jedoch die ungeheure Wichtigkeit der Telegrafenlinie Metz – Mainz, und so geschah es denn, dass die Direktoren und Inspektoren, von patriotischem Eifer beseelt, aus ihrer eigenen Tasche das Geld zum Bau vorschossen und an den Bauarbeiten wie gewöhnliche Handlanger mitarbeiteten.«

Solchem Eifer konnte der Erfolg nicht fehlen. Die Linie von dem Ufer der Saar bis Mainz wurde in drei Wochen, einer für die damaligen Verkehrsverhältnisse außerordentlich kurzen Spanne Zeit, vollendet und am 29. Mai 1815 wurde die erste telegrafische Nachricht zwischen Metz und Mainz ausgetauscht. Vom Tag der Unterzeichnung des kaiserlichen Dekrets, das den Bau der Linie anordnete, bis rum Tag der Betriebseröffnung waren knapp 2½ Monate verstrichen. Innerhalb dieses Zeitraums hatte man eine Linie von 225 km Länge mit einem Kostenaufwand von 105 000 Frcs. hergestellt.

Wie aus dem obigen Schreiben Chappes vom 30. April hervorgeht, wurde die Linie, der gebotenen Beschleunigung wegen, zunächst vorläufig ohne peinlich sorgsame Auskundung der Höhenverhältnisse usw. angelegt, und zwar in einer mehr südlichen, tiefer in das Gebiet der heutigen bayrischen Pfalz einschneidenden Richtung. Chappe war indes bereits am 25. August in der Lage, dem Saar-Präfekten und dem Rhein-Mosel-Präfekten die Liste der Orte zu übersenden, wohin die optischen Stationen endgültig verlegt werden sollten. Diese Liste bietet, so weit das Saar-Departement und das Rhein-Mosel-Departement in Betracht kommen, trotz der fehlerhaften Schreibweise der Ortsnamen, für die Feststellung der Lage der Stationen eine brauchbare Grundlage. Im Übrigen aber waren zu diesem Behufe mühsame Ermittlungen an Ort und Stelle notwendig, wobei sich die überraschende Tatsache ergab, dass die Erinnerung an diese napoleonische Telegrafenlinie trotz der kurzen Dauer ihres Bestehens in den einsamen Dörfern Lothringens, der Saar- und Nahegegend noch heute, nach beinahe 90 Jahren, nicht ganz erloschen ist.

Mit Hilfe des gesammelten Materials entwerfen wir Übersichtskarte *Abb. 21* der optischen Telegrafenlinie Metz – Mainz vom Jahr 1815 und geben zu der Lage der einzelnen Stationen folgende Erläuterung.

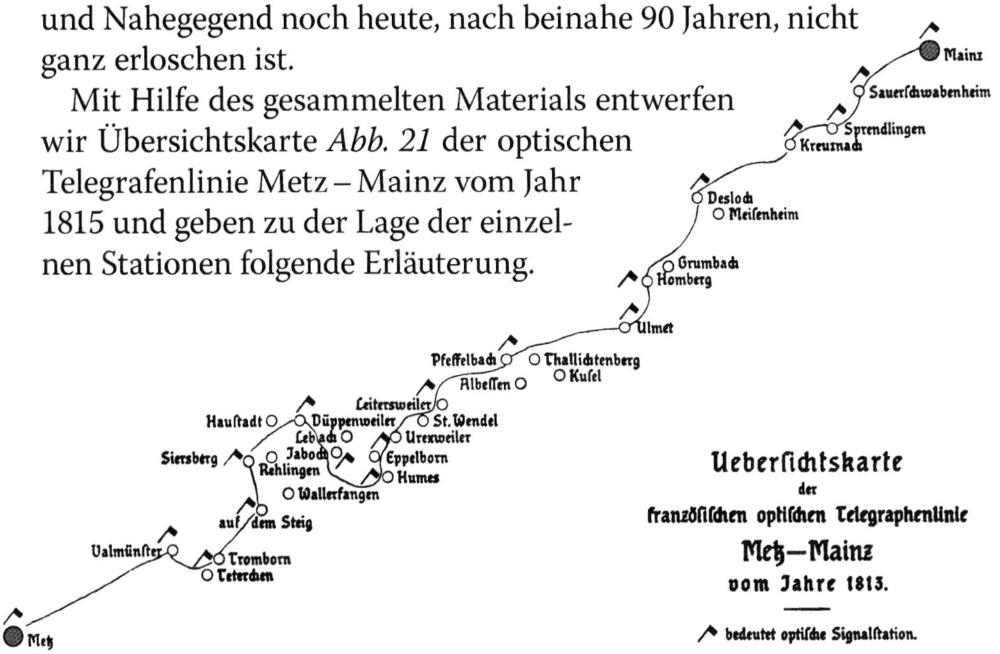

Abb. 21

a. Mosel-Departement.

1. Metz. Auf dem Stadtgebiet von Metz befanden sich zwei optische Signalstationen, von denen die eine wahrscheinlich auf dem Dach des Justizpalastes errichtet war. Wenigstens hatte der Telegrafendirektor[1] im Justizpalast sein

---

[1] Es befanden sich Telegrafendirektoren in Metz und Straßburg, denen die Übersetzung der auf der Telegrafenlinie Paris – Metz – Straßburg gewechselten optischen Zeichen oblag. Der Telegrafendirektor von Metz, Mr. Rogelet, hatte sein Amtszimmer im Justizgebäude. Dieses Zimmer trägt noch heute die Inschrift ›*Cabinet de Mr. Rogelet, directeur de télégrafie*‹.

Amtszimmer. Der Betrieb auf der Zweiglinie Metz – Mainz war der Leitung des Telegrafeninspektors Alexandre Offroy unterstellt.

Leider hat sich durch die angestellten Nachforschungen nicht ermitteln lassen, an welchem Ort sich die nächste Telegrafenstation östlich von Metz in der Richtung nach Mainz hin befand. Zwischen Metz und der unter 2. genannten Station Valmünster werden, der Entfernung entsprechend, mindestens zwei Beobachtungsstationen eingeschaltet gewesen sein, deren Lage indes nicht bekannt ist.

2. Valmünster, Postbestellbezirk Tetercken. Die Station befand sich auf einem nahen Berg, der ›Gypsgrube‹, und zwar mutmaßlich an der Stelle, wo heute auf diesem Berg ein trigonometrischer Punkt errichtet ist.

3. Tromborn, Postbestellbezirk Tetercken. Die Station stand auf einer Anhöhe im Banne von Tromborn an einer Stelle, die heute ›Theater‹ benannt ist. Es ist ein Markstein daselbst errichtet, der als trigonometrischer Punkt dient. Erst im Jahr 1825 wurde die Signalstation zerstört.

4. Station ›auf dem Steig‹, oder ›auf dem Schei‹, war nach den Mitteilungen älterer Bewohner der Gegend auf einem 385 m hohen Berg dieses Namens westlich von Wallerfangen bz. Saarlouis errichtet.

5. Siersberg bei Rehlingen a. d. Saar. Die sogenannte ›Höhe‹, ein 308 m hoher Berg in der Nähe der alten Burg ›Siersburg‹, war der Standort der optischen Signalstation.
Älteren Bewohnern von Rehlingen ist aus der Überlieferung bekannt, dass das optische Signalwerk auf einem Gerüst aus Eichenholz angebracht war, zu dem etwa 10 Stufen

hinaufführten. Man nennt die Stelle, wo das Gerüst aufgebaut war, noch jetzt ›am Telegraf‹.

b. Saar-Departement.

6. Düppenweiler. Postbestellbezirk Haustadt. Das optische Signal war auf dem Littremont, einem 413 m hohen, weithin die Gegend beherrschenden, bewaldeten Berg südlich des Dorfes Düppenweiler errichtet. Die Erinnerung an die Einrichtung lebt bei den Bewohnern der Gegend noch heute fort.

7. Jabach. Postbestellbezirk Lebach. In der Gemarkung des dicht bei Lebach gelegenen Dorfes Jabach lagert auf dem ›Hoxberg‹, einer 411 m hohen Erhebung, ein großer, breiter, etwa zwei Stockwerke hoher Felsblock, der ›Zollstock‹ genannt, der einen weiten Ausblick in die Gegend gewährt. Auf diesem war die Signalvorrichtung angebracht.

8. Humes. Postbestellbezirk Eppelborn. Die Signalstation war auf dem höchsten Punkt des 405 m hohen Wackenbergs nahe bei dem Dorf Humes errichtet. Die Trümmer eines den Zwecken der optischen Telegrafie dienenden Häuschens (nach Anderen eines hölzernen Signalturms) waren bis zum Jahr 1830 daselbst noch vorhanden. Um jene Zeit wurden diese Überbleibsel der ehemaligen Telegrafenstation von dem Eigentümer des betreffenden Grundstücks weggeräumt.

9. Urexweiler. Der Schalksberg bei Urexweiler war der Standort der optischen Telegrafenstation. Urkunden über die Anlage befanden sich im Besitze des Ackerers Andreas Rectenwald zu Urexweiler, der sie leider vor längerer Zeit als wertlos vernichtet hat.

10. Leitersweiler. Postbestellbezirk St. Lendel. Das optische Signalhäuschen stand in der Nähe eines Buchenwäldchens auf einer Anhöhe bei Leitersweiler, von wo die Höhen bei Urexweiler (Nr. 9) und Pfeffelback (Nr. 11) bei hellem Wetter genau gesehen werden können. Die Stelle heißt noch heute ›am Buchhäuschen‹. Reste des Bauwerkes sind nicht mehr nachweisbar, die Erinnerung an die optische Telegrafenstation während der französischen Herrschaft ist aber noch nicht erloschen.

11. Pfeffelbach. Postbestellbezirk Thallichtenberg. Die Signalanlage befand sich im Gemeindewald des dicht an der bayerischen (pfälzischen) Grenze gelegenen Ortes Pfeffelbach, im Forstdistrikte Frähwald.

Die von Chappe zuerst angelegte – provisorische – Linie verfolgte, wie oben erwähnt, eine etwas südlichere Richtung. Statt Pfeffelbach war anfänglich der südlich davon gelegene bayerische Ort Albessen (7 km südwestlich von Cusel in der Pfalz) zur Station erwählt. In der Nähe dieses Ortes müssen bis vor nicht langer Zeit noch Spuren der Chappeschen Telegrafenlinie vorhanden gewesen sein, da die vom topographischen Büro in München im Jahr 1887 herausgegebene Karte (1 : 50 000) in der Nähe der Straße von Herchweiler nach Albessen am ›Höhenwald‹ den Vermerk ›Telegraf‹ trägt. Nachforschungen, welche das königliche Ober-Postamt in Speyer hat anstellen lassen, waren leider nicht von Erfolg begleitet. Doch ist dabei immerhin festgestellt worden, dass man sich unter den Bewohnern des bayerischen Grenzgebiets des Bestehens jener französischen Telegrafenlinie noch wohl zu erinnern weiß.

12. Ulmet. Bayerische Pfalz. Nähere Angaben über die Lage der Telegrafenstation fehlen.

13. Romberg. Postbestellbezirk Grumbach (Bz. Trier). Die Signalstation war an dem sogenannten ›Husarenputsch‹ in der Gemarkung von Homberg errichtet. Die Benennung ›Husarenputsch‹ oder ›Husarenbusch‹ soll von der ehemaligen Telegrafenstation herrühren, die militärisch bewacht gewesen sei.

14. Desloch. Postbestellbezirk Meisenheim. Auf dem höchsten Punkt des Weges zwischen Desloch und Lauschied lagern Reste von altem Mauerwerke, die man allgemein für den Unterbau des früheren optischen Telegrafenstations-Gebäudes hält.

c. Rhein- und Mosel-Departement.

15. Kreuznach. Nach mündlicher Überlieferung hat der französische optische Telegraf (Holzbau mit beweglichen Teilen) auf der Höhe des ›Hungerigen Wolf‹ bei Kreuznach gestanden.

d. Donnersberg-Departement.

16. Sprendlingen (Rheinhessen). Den Erinnerungen älterer Leute zufolge war die Beobachtungsstation (ein hölzernes Signalgerüst) auf dem St. Johannes-Pfad, jetzt ›Napoleonshöhe‹ genannt, in der Gemarkung Sprendlingen errichtet. Die Bezeichnung ›Napoleonshöhe‹ hängt vielleicht mit dem Vorhandensein der ehemaligen französischen Telegrafenstation zusammen.

17. Sauerschwabenheim. Das Vorhandensein einer optischen Telegrafenstation ist urkundlich nachgewiesen durch ein vom 4. Dezember 1813 datiertes Schreiben des Telegrafeninspektors Offroy, des Leiters des Telegrafenbetriebs auf der Zweiglinie Metz–Mainz, an den Mainzer Präfekten, worin Quartierzettel für die Angestellten der Station Sauerschwabenheim, die bis dahin in einem Hof in der Nähe der Telegrafenstation gewohnt hätten, verlangt werden. Entsprechende Weisung im Sinn dieses Verlangens erging seitens des Präfekten noch an demselben Tage an den Unterpräfekten von Mainz.

Die optische Station war an der nordöstlichen Grenze der Gemarkung Sauerschwabenheim am ›Heidehof‹, einem Gehöft, das bis in die Jahre 1840–50 bestanden hat, heute aber verschwunden ist, errichtet. In der Nähe des Hofes soll ein Turm, wahrscheinlich die Signalwarte, gestanden haben, von dem aus die Signale der Station Mainz gesehen werden konnten.

18. Mainz. Die Telegrafenstation war anfänglich auf der Zitadelle (dem Windmühlenberg) errichtet.

Am 27. Oktober 1813 erklärte der General-Telegrafeninspektor A. Chappe, der sich um diese Zeit in Mainz aufhielt, dem Mainzer Präfekten, der provisorisch auf der Zitadelle angebrachte Telegraf müsse definitiv auf den Turm der Stephanskirche verlegt werden. Der Stephansturm ragt unter allen Mainzer Stadttürmen in Folge seiner Lage auf einem Hügel am höchsten in die Luft, war also für die Errichtung des optischen Telegrafen besonders geeignet. Der Präfekt erließ schon am folgenden Tag Weisungen an den Maire von Mainz wegen Vornahme der erforderlichen baulichen Veränderungen am Stephansturme, die trotz der schlimmen Zeit, die nach der Schlacht bei Leipzig über das von Flüchtlingen überschwemmte Mainz hereingebrochen war, mit solcher Beschleunigung durchgeführt wurden, dass Chappe schon am 11. November dem Präfekten mitteilen konnte, »*die aus dem Abbruch der Laterne des Turmes herrührenden Materialien seien am Fuße desselben aufgestapelt*«.

Die neuerbaute Telegrafenlinie war für den Kaiser und die französische Heeresverwaltung von großem Wert. Schon wenige Tage nach der Betriebseröffnung war Napoleon in der Lage, von dem neuen Verkehrsmittel Gebrauch zu machen. Am 4. Juni 1815, 4 Uhr nachmittags, verfügte er aus Neumarkt (Schlesien) an seinen Minister des Auswärtigen Maret, Herzog von Bassano, damals in Dresden, er solle die beigefügte telegrafische Depesche an die Kaiserin Maria Louise durch einen Kurier an den Marschall Kellermann, Herzog von Valmy, nach Mainz befördern lassen, der sie mittelst des Telegrafen nach Paris übermitteln lassen solle.

Die Depesche enthielt die Nachricht von dem am 4. Juni, 2 Uhr nachmittags, zwischen den Franzosen und den Verbündeten zu Poischwitz abgeschlossenen Waffenstillstand. Auch die Verlängerung dieses Waffenstillstandes bis zum 15. August ließ Napoleon später durch den Marschall Kellermann der Kaiserin von Mainz aus telegrafisch nach Paris melden.

Am 27. August 1813, 6 Uhr früh, während noch die Schlacht bei Dresden tobte, sandte Napoleon siegesfreudig eine Estafette an den Marschall Kellermann nach Mainz ab mit dem Auftrag für diesen, die Kaiserin in Paris sofort durch den Telegrafen wissen zu lassen, dass er – Napoleon – am 26. August einen großen Sieg über die vereinigte russische, österreichische und preußische Armee unter dem Befehl der Kaiser von Russland und Österreich und des Königs von Preußen davongetragen habe; man bringe viele Gefangene, eroberte Fahnen und Kanonen herbei.

Abgesehen von diesen amtlichen Zeugnissen für die rege Benutzung der Telegrafenlinie Metz – Mainz durch den Kaiser Napoleon liefert dessen Korrespondenz mit seinen Generälen und Staatsmännern auch mittelbar den Beweis dafür, dass der Weg von Paris nach dem Herzen Deutschlands mit Hilfe jener Telegrafenlinie häufig abgekürzt worden sein muss; denn der Kaiser war, während er in Sachsen und Schlesien Krieg führte, über Pariser Vorgänge oft so auffallend frühzeitig unterrichtet, dass man – bei aller Anerkennung der bewunderungswürdigen Geschwindigkeit[1] der kaiserlichen Kuriere und Estafetten – doch nur annehmen kann, dass eine streckenweise telegrafische Beförderung der Nachrichten stattgefunden hat.

Es erhellt übrigens daraus die große Wichtigkeit der Mainzer Telegrafenstation, mit deren Hilfe der im Feld stehende Kaiser eine für die damalige Zeit außerordentlich rasche Verbindung mit der Hauptstadt seines mächtigen Reichs aufrechterhielt. Die Telegrafenstation Mainz leistete im Jahr 1813 ähnlich wichtige Dienste, wie im Jahr 1799 die Telegrafenstation Straßburg, die den französischen Gesandten am Friedenskongress zu Rastatt die Möglichkeit gewährte, mit der Pariser Regierung telegrafisch in Verbindung zu bleiben und auf diese Weise die französischen Interessen zu fördern.

---

[1] Die napoleonischen Kuriere legten den Weg von Paris und Mailand nach Dresden und Magdeburg in 5 Tagen zurück. Napoleon selbst brauchte zur Reise von Paris nach Mainz mit Kurierpferden 40 Stunden.
Welche Leistungen Napoleon von der Post verlangte, ergibt sich z.B. aus einem Schreiben an den General-Postdirektor Grafen Lavallette in Paris, d.d. Saint Cloud, den 8. April 1815, worin sich der Kaiser beklagt, dass er einen Brief aus Augsburg vom 4. April erst heute, den 8. April, erhalten habe. *Das scheint mir sehr spät. Man muss von Augsburg in weniger als 72 Stunden hierher kommen können. Untersuchen Sie, woher die Verspätung kommt.*«

Auch nach dem Rückzug der französischen Heere aus
Deutschland machte sich Napoleon, während er von Paris
aus die Verteidigung der Grenzen Frankreichs vorbereitete,
die vorhandene Telegrafenverbindung mit der Grenzfestung
Mainz zu Nutzen. So finden wir z. B. in seiner ›Correspon-

Abb. 22. Zwei optische Telegrafen auf dem Justiz-Palast zu Metz.
Lithographie nach Louis Leborne um 1830.

dance‹ ein Telegramm aus Saint Cloud vom 12. November
1813 abends an den Marschall Marmont, Herzog von Ra-
gusa, Kommandeur des 6. Armeekorps der Großen Armee
in Mainz, das die Aufforderung enthält, sofort telegrafisch
zu berichten, wie es mit der Verproviantierung und Armie-
rung der Festung Mainz stehe, die mit allen Mitteln zu beschleunigen seien.

Die kriegerischen Ereignisse setzten dem Betrieb der Telegrafenlinie Metz – Mainz bereits in den ersten Tagen des

Januar 1814 ein Ziel. In der Neujahrsnacht von 1813 auf 1814 ging Blücher bei Caub über den Rhein. Die Vorhut des Korps Yorck drang noch am späten Abend des 1. Januar 1814 über Stromberg bis Kreuznach vor, wodurch die daselbst befindliche französische Telegrafenstation außer Betrieb gesetzt werden musste. Am 3. Januar überschritt das russische Korps unter dem General Grafen Langeron bei Caub den Rhein, um sofort über Bingen nach Mainz vorzurücken, welche auf der rechten Rheinseite bereits belagerte Festung nunmehr auch auf der linken Rheinseite völlig eingeschlossen wurde. Die zum Schutz der Rheingrenze aufgestellten Truppenteile des Korps Marmont wichen in Eilmärschen über den Hunsrück gegen die Saar zurück, an deren Ufern die ihnen folgenden Verbündeten bereits am 9. Januar eintrafen. Am 11. Januar geschah die Überschreitung dieses Flusses, worauf die Franzosen den Rückzug nach Metz antraten. Hiernach war bereits um die Mitte des Januar 1814 die ganze Telegrafenlinie von Mainz bis Metz[1] in den Händen der Verbündeten.

Französische Schriftsteller wissen zu berichten, dass die französischen Telegrafenbeamten dieser Linie sich bei dem feindlichen Anmarsch durch große Pflichttreue und Unerschrockenheit ausgezeichnet hätten. Sie hätten keine Station verlassen, ohne zuvor die Telegrafenapparate vernichtet zu haben. Die Flinte in der Hand hätten sie in einzelnen Fällen ihre Stationsgebäude verteidigt und seien dabei durch Tod oder Gefangenschaft ein Opfer ihrer Pflichttreue geworden. Alexis Belloc bringt sogar einen

---

1) Die Telegrafenlinie von Paris bis Metz war um jene Zeit noch unversehrt und im französischen Betrieb, denn Napoleon verfügte noch am 11. Januar 1814 an seinen Generalstabschef, Fürsten von Neuchatel und Wagram in Paris, er solle am 12. morgens gewisse Weisungen durch den Telegrafen nach Metz geben.

Holzschnitt, auf dem eine optische Telegrafenstation abgebildet ist, die von fünf französischen Telegrafisten gegen eine ungeheure Menge von Feinden, die das Gebäude mit einem Hagel von Geschossen überschütten und die Tür mit einem Baumstamm einzurennen versuchen, mit Flinte und Pistole verteidigt wird. Ob dieser Darstellung, die ja für ein französisches Auge sehr sympathisch ist, ein tatsächlicher Vorgang zu Grunde gelegen hat, oder ob es sich um eine der Fantasie entsprungene Zeichnung handelt, mag dahingestellt bleiben. Man ist geneigt, das Letztere anzunehmen, da Belloc, entgegen seiner sonstigen Gepflogenheit, nicht angibt, welchem älteren Werke er das Bild entnommen hat. Es macht übrigens auch den Eindruck einer modernen Arbeit.

Über das Schicksal der französischen Telegrafenlinie nach der Rückgabe des linken Rheinufers an Deutschland hat sich wenig ermitteln lassen. In Mainz wurde im Jahr 1823 die Laterne des Stephansturmes durch die städtische Behörde wieder hergestellt und damit die Spur des optischen Telegrafen beseitigt. Im Übrigen wird man annehmen dürfen, dass die kostspielige, mit so großer Mühe ins Werk gesetzte Anlage, die nur 7 Monate dem französischen Staatsinteresse gedient hat, in Vergessenheit und langsam in Verfall geraten sein wird. Durch die Zurückdrängung der französischen Macht hinter die Saar war die Linie sozusagen zu einer internationalen geworden, indem nunmehr reichlich Vierfünftel des Linienzugs auf deutschem Gebiet lagen, während ein kleiner Teil über französischen Boden führte. Auf deutscher Seite durchschnitt die Linie fünf verschiedene Staatsgebiete: Preußen (Rheinprovinz), das sachsen-koburgische Fürstentum Lichtenberg, Bayern (Pfalz), Landgraftum Hessen (Oberamt Meisenheim) und Großherzogtum Hessen (Provinz Rheinhessen). Es hätte nahe gelegen, die Linie zu erhalten und im Interesse von Handel und Verkehr zu einer internationalen, dem Publikum zugänglichen Telegrafenverbindung zwischen Paris und dem Rhein zu benutzen. Doch wer dachte in jenen Zeiten der optischen Telegrafie an internationale Verbindungen und gar an deren Freigabe an das Publikum! ❐

Dr. R. Hennig

Zur Geschichte der optischen Telegrafie in Deutschland

BEITRÄGE ZUR GESCHICHTE DER TECHNIK UND INDUSTRIE • 1909

Der Telegraf ist eine Maschine, die von den Franzosen benutzt wird, während andere Nationen untersuchen, ob diese Erfindung neu oder alt sei!« Mit diesen bitter-sarkastischen Worten kennzeichnete Archenholz im Dezember 1794 in der Zeitschrift *MINERVA* den Stand der optischen Telegrafie in Europa am Ende des 18. Jahrhunderts. Das Wort war speziell auf Deutschland gemünzt und behielt für dieses Land seine Berechtigung unglaublicher weise noch fast 4 Jahrzehnte hindurch. Als ältester optischer Telegraf auf heute deutschem Boden, der für dauernde Benutzung eingerichtet war, ist, wie Postrat Guido Sautter nachgewiesen hat[1], die Linie Metz – Mainz zu betrachten, die auf Befehl Napoleons im Frühjahr 1813 hergestellt und am 29. Mai desselben Jahres dem Betrieb übergeben wurde. Allerdings berührten auch schon die 1794, in der allerersten Zeit der Chappe-Telegrafie, geschaffenen Telegrafenlinien Paris – Landau und Paris – Straßburg streckenweise Gebiete, die heute zum Deutschen Reich gehören, aber die genannte Strecke Metz – Mainz war doch die erste, die in ihrem ganzen Verlauf über ein Gelände führt, das gegenwärtig deutscher Boden ist.

---

[1] siehe Seite 73.

Von den deutschen Staaten und Gemeinwesen entschloss sich jedoch bis 1832, wo endlich Preußen sich seine erste optische Telegrafenlinie schuf (Berlin – Magdeburg, angelegt auf Grund einer Kabinettsorder vom 21. Juli 1832, eröffnet – jedoch nur für amtliche Depeschen – im November 1832), kein einziger, aus eigener Initiative einen Telegrafen herzustellen, der dauernd zwischen bestimmten Orten einen Nachrichten-Schnellverkehr vermitteln konnte. Angesichts der außerordentlich großen und allgemein anerkannten Erfolge, die der Telegrafendienst Chappeschen Systems seit 1794 dauernd, am meisten aber während der Regierungszeit Napoleons, zu verzeichnen hatte, muss diese Schwerfälligkeit der deutschen Staaten (einschließlich Österreichs) überaus befremdlich erscheinen, um so mehr, als England und Schweden schon 1795, Spanien 1800, Dänemark 1802, Italien 1810 Archenholz' Spott widerlegt und den optischen Telegrafen Einlass gewährt hatten, ebenso sogar schon Indien und Ägypten im Jahr 1823.

Gerade in Deutschland hätte man eine frühzeitige Einrichtung großzügiger optischer Telegrafenlinien um so eher erwarten sollen, weil auf deutschem Boden ein besonders großer Teil der Erfindungen und Versuche angestellt worden war, welche die optische Telegrafie erst lebensfähig machten. Hier war zur Zeit des Siebenjährigen Krieges (das Jahr steht nicht fest) durch Christoph Ludwig von Hoffmann in Burgsteinfurt ein optisches Telegrafensystem erfunden worden, das ›in Schönbusch auf der Anhöhe bei Burghorst‹ ausgeführt und erprobt wurde. Über das System selbst ist wenig bekannt geworden; es scheint aber, als habe eine Schrift, die v. Hoffmann 1782 in Münster i. W. über seine Erfindung veröffentlichte, eine gewisse Anregung zu Claude Chappes erfolgreichen Ideen gegeben. Auf deutschem Boden hatte ferner der gelehrte Hofrat Böckmann in Karlsruhe am

22. November 1794 das erste ›Geburtstags-Glückwunschtelegramm‹ zum Wiegenfest des Markgrafen Karl Friedrich von Baden aus einer Entfernung von 1½ Wegstunden nach Karlsruhe signalisiert, und nahezu gleichzeitig, am 30. Oktober 1794, hatte der Hamburger Senator Guenther öffentlich den Vorschlag gemacht, zwischen Hamburg und Cuxhaven einen optischen Telegrafen zur rascheren Übermittlung von Börsennachrichten einzurichten. Im Februar 1795 erschien ferner in *WIELANDS NEUEM TEUTSCHEN MERKUR* ein Aufsatz von Böttiger: ›*Was thun die Teutschen für die Telegrafie?*‹

Obwohl somit zweifellos gegen Ende des 18. Jahrhunderts die Aufmerksamkeit der Gebildeten in Deutschland mannigfach von der Möglichkeit einer optischen Telegrafie in Anspruch genommen und von dem großen Nutzen dieser Verkehrsverbesserung überzeugt war,

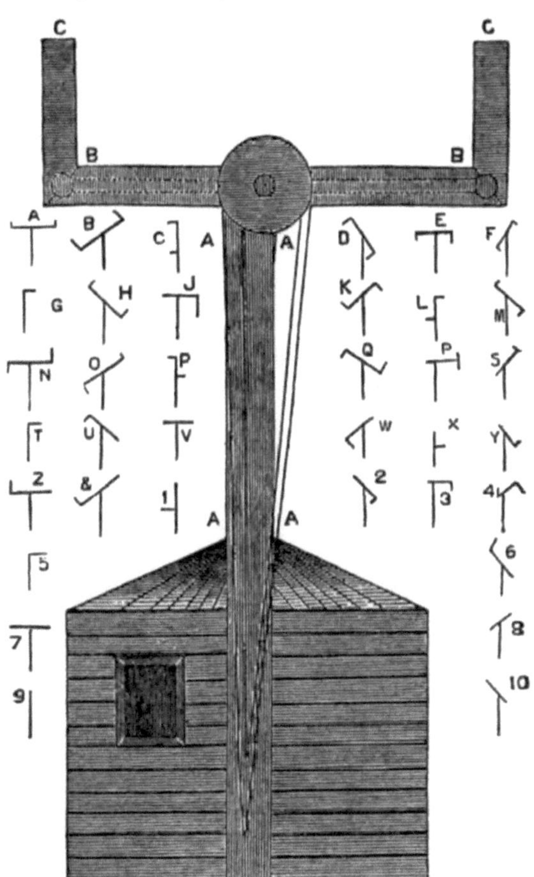

Abb. 23. Frankfurter Telegraf 1798.

scheint eine über das Versuchsstadium hinausgehende, praktische Anwendung der Erfindung in Deutschland damals nicht stattgefunden zu haben. Jedenfalls sind alle Bemühungen, auf deutschem Boden ältere, für ständigen Gebrauch bestimmte optische Telegrafenlinien nachzuweisen, als die preußischen von 1832 bzw. die Linie Metz – Mainz von 1813, vergeblich gewesen.

Um so unbegreiflicher und auffälliger ist eine Notiz in dem Werk des Deutsch-Amerikaners Tal. P. Shaffner *The telegraf manual* (New York 1859), wonach schon 1798 in Frankfurt a. M. ein optischer Telegraf in Benutzung gewesen sein soll, von dem sonst in der Literatur nirgends die Rede zu sein scheint. Man würde die Bemerkung Shaffners ohne weiteres für unglaubwürdig erachten dürfen, aber da er ausdrücklich erklärt, er selbst habe in Frankfurt eine Zeichnung des Telegrafen in Händen gehabt, und da er auch eine Wiedergabe dieser Zeichnung bringt *(Abb. 23)*, aus der hervorgeht, dass es sich um ein durchaus selbstständiges, wenn auch dem Chappeschen nachgebildetes System handelte, so verdient die Behauptung doch vollste Beachtung. Da der Zeichnung ein genauer Alphabeten-Code für die Verständigung beigegeben ist, ist es wahrscheinlich, dass der geheimnisvolle Apparat nicht nur für Versuchszwecke, sondern für den praktischen Gebrauch des Alltagslebens erdacht worden war – aber wann, von wem, für welchen Zweck? Die Frage bleibt offen…

Es erscheint unbegreiflich, dass über einen öffentlichen Telegrafen von so großer Bedeutung in der ganzen zeitgenössischen Literatur keine Silbe veröffentlicht sein sollte. Die Vermutung ist daher nicht von der Hand zu weisen, dass die von Shaffner aufgefundene Zeichnung nur einen Entwurf darstellt, dessen endgültige Verwirklichung niemals zustande gekommen ist. Auch als Entwurf wäre aber die Zeichnung interessant und wertvoll, wegen der ebenso geistvollen wie einfachen Art der vorgeschlagenen Verständigung.

Es wäre für die Geschichte der Telegrafie von hohem Wert, wenn sich nähere Einzelheiten über den Frankfurter Telegrafen von 1798, sowie über die Art und den Umfang seiner Verwendung feststellen ließen. Leider aber sind bisher alle Bemühungen nach dieser Richtung erfolglos geblieben, auch Nachfragen in Frankfurt selbst, obwohl die Nachforschungen noch nicht als abgeschlossen zu betrachten sind. ❐

G. Dieterich • F. Ržiha • J. Leupold • A. Hohenstein • A. Lämmerhirt
Die Erfindung der Drahtseilbahnen
Eine Studie aus der Entwicklungsgeschichte des Ingenieurwesens
Während Seilbahnen im ostasiatischen Raum schon recht früh zum Einsatz kamen, wurden in Europa erst ab dem späten Mittelalter vereinzelte Anlagen erbaut. Ausgehend von der Entwicklung von Seileriesen für den Holz-Transport begann dann um 1870 die systematische Konstruktion von Seilbahnen. Gustav Dieterich schildert die Geschichte der Seilbahnen von den Anfängen bis zum ›System Bleichert‹, und so bietet diese erweiterte und reichhaltig illustrierte Neuausgabe einen umfassenden Überblick über die Erfindung der Drahtseilbahnen.
• ISBN 978-3-7693-4011-2

Conrad Matschoss
Die Maschinenfabrik R. Wolf Magdeburg-Buckau 1862 – 1912
Die Lebensgeschichte des Begründers und die Entwicklung der Werke
Die Geschichte der Firma R. Wolf steht beispielhaft für den Aufstieg der deutschen Maschinenindustrie in der zweiten Hälfte des 19. Jahrhunderts. Die Lebensgeschichte des Begründers lässt besonders deutlich erkennen, wie technisches Können, vereint mit kaufmännischer und organisatorischer Begabung letzten Endes die Triebkräfte sind, die alle Schwierigkeiten überwinden. Der Technikhistoriker Conrad Matschoss verfasste diese Denkschrift zum 50-jährigen Bestehen der Maschinenfabrik R. Wolf und schuf damit ein ausführliches und mit über 150 Abbildungen illustriertes Zeitdokument der Industriegeschichte.   **• ISBN 978-3-7597-2237-9**

Friedrich Schultheis • Alexander Marx
Der Bau des Ludwigs-Kanal
zwischen Main und Donau 1836 bis 1846
Mit dem Ludwigs-Main-Donau-Kanal gelang es, die Europäische Wasserscheide zu überwinden und eine schiffbare Verbindung von der Nordsee zum Schwarzen Meer schaffen. Innerhalb von zehn Jahren wurden 100 Schleusen, über 70 Dämme sowie zahlreichen Brücken und Brückenkanäle errichtet. Friedrich Schultheis schildert hier detailreich den Fortgang der Bauarbeiten von den ersten Planungen bis zur Einweihung im Juli 1846. 26 Doppelseitige Illustrationen von Alexander Marx geben einen Eindruck von diesem Meisterwerk der Technikgeschichte.
• ISBN 978-3-7386-4028-1

Neue Bahnen denken
Alternative Schienenverkehrskonzepte im 19. Jahrhundert
Die Aufbruchstimmung und der technische Fortschritt im 19. Jahrhundert führten zu immer neuen Erfindungen, die den Verkehr beschleunigen und die Antriebe optimieren sollten. Dabei wurde oft das System von mit Dampflokomotiven bespannten Zügen auf zwei Schienen grundlegend in Frage gestellt. Manche dieser Ideen sind heute wieder aktuell, und so lohnt sich ein unverfälschter Blick auf dieses interessante Kapitel der Verkehrsgeschichte.
• ISBN 978-3-7583-7184-4

Der Umbau des Anhalter Bahnhof und die Berlin-Anhalter Eisenbahn

Am 15. Juni 1880 wurde das neue Empfangsgebäude der Berlin-Anhalter Eisenbahn am Askanischer Platz dem Verkehr übergeben. Doch die Eröffnung des imposanten Bauwerks von Franz Schwechten war nur eine Etappe des 1871 begonnenen Umbaus des Anhalter Bahnhof in Berlin. Auf einer Länge von 5 km wurden neben dem Personenbahnhof ein Güterbahnhof, Werkstätten, Aufstell- und Verschiebegleise und viele weitere Anlagen neu errichtet. In zeitgenössischen Originaltexten werden die Anfänge der Berlin-Anhalter Eisenbahn, der Umbau des Bahnhofs und die Architektur der Gebäude geschildert. Zahlreiche Fotos und Zeichnungen illustrieren dieses Zeitdokument der Berliner Verkehrs- und Architekturgeschichte.   **• ISBN 978-3-7431-9651-3**

Hans Dominik
Denkende Maschinen
Technische Plaudereien und Betrachtungen

Der Ingenieur Hans Dominik (1872 – 1945) ist vor allem durch seine technisch-utopischen Romane bekanntgeworden. Dominik war aber in erster Linie Wissenschaftsjournalist und verfasste zahlreiche populärwissenschaftliche Beiträge für verschiedene Zeitschriften und Tageszeitungen. Dabei brachte er im lockeren Plauderton dem interessierten Laien wissenschaftliche Grundlagen und neue technische Errungenschaften näher. Dieses Buch versammelt eine repräsentative Auswahl seiner wissenschaftlichen und technischen Plaudereien.

• ISBN 978-3-7597-8354-7

Handel & Industrie zwischen Industrieller Revolution und Belle Époque
Der zweite Band mit 22 Zeitreisen ins 19. Jahrhundert

Ab der zweiten Hälfte des 18. Jahrhunderts ersetzten Dampfmaschinen zunehmend die Muskelkraft und ermöglichten eine zunehmende Mechanisierung der bis dahin handwerklich geprägten Güterproduktion. Der Abbau von Handelshemmnissen und neue Verkehrswege eröffneten überregionale Märkte, immer mehr Produkte mussten immer schneller und billiger produziert werden. Arbeitsteilung und Spezialisierung veränderten ganze Wirtschaftszweige. Die historischen Originalbeiträge und Abbildungen in diesem Buch geben einen unverfälschten Einblick in die Wirtschaft des 19. Jahrhunderts.   **• ISBN 978-3-7578-2490-7**

Walter Körte • Jacobus van Ronzelen
Vom Bau der Leuchttürme Roter Sand und Hohe Weg

Mitten im Watt entstand 1854 – 56 der Leuchtturm auf der Sandbank ›Hohe Weg‹. 30 Jahre später wurde dann am ›Roter Sand‹ das erste Offshore-Bauwerk der Welt errichtet. Hier schildern die verantwortlichen Baumeister aus erster Hand, wie sie noch nie dagewesene Herausforderungen meistern mussten und den Launen der Nordsee getrotzt haben.

• ISBN 978-3-7519-2217-3